인공어초에 의한 연안역 개발

인공어초에 의한 연안역 개발

김태호 · 김창길 · 김동수 공저

전남대학교출판부

머리말

최근 우리나라의 어업은 한·일 및 한·중 어업 협정으로 인한 연근해 어장의 축소와 남획 등에 의한 어업 자원의 감소로 생산량이 감소되고 있으며, 해양 환경의 오염 등으로 인하여 수산 자원의 번식 조장이 크게 위협 받고 있다.

이와 같은 상황에 대한 하나의 타개책으로 각종 수산 자원의 산란장, 보육장 및 서식장으로 매우 중요한 역할을 하고 있는 연안역에 대한 체계적 개발과 관리의 필요성이 제기되고 있다. 따라서 바닷속에 인공어초를 설치하여 수산 생물이 안전하게 생활할 수 있는 터전을 제공하고 인공 종묘의 방류와 그들에 대한 인위적인 생산 관리를 통해 수산 자원을 효과적으로 증대시킬 필요가 있다.

우리나라에서는 1971년부터 수산 생물의 산란장 및 서식장 조성을 통한 수산 자원의 증대를 위해 전국의 연안에 인공어초를 시설해 어초 어장을 조성해 오고 있으며, 1990년대 중반부터는 안정적인 해양 생태계와 지속적인 높은 생산량 유지를 위해 특정 연안역과 대상 종을 중심으로 바다목장을 조성하는 등 연안역 개발이 적극적으로 추진되고 있다.

따라서 인공어초에 관련된 학문의 기초를 토대로 합리적인 연안역 개발의 방향을 설정하고 체계적이고 효율적인 연안역 개발이 요구되고 있다. 그러나 국내에서는 인공어초에 관한 체계적인 이론 정립과 그것을 통한 연안역 개발 등이 종합적으로 정리된 도서가 거의 없는 안타까운 실정이다.

이 책은 연안역 개발과 인공어초, 인공어초의 시설 목적 및 역사, 인공어초에 대한 어류의 반응 형태와 그것의 기능, 인공어초의 재료 및 구조, 침설 어초 설계, 부어초의 설계 및 효과, 인공어초의 적지 선정, 인공어초의 규모와 배치 형태, 인공어초 시설, 인공어초의 내구성, 인공어초의 효과, 인공어초 어장의 이용 및 관리, 바다목장, 해상 낚시공원의 인공어초 시설 등의 내용을 담아 대학에서 인공어초와 연안역 개발을 연구하는 학생들과 관련 연구원, 인공어초 설계, 시공 및 관리 등에 종사하는 사업자 및 어업인, 인공어초 시설 사업 집행에 종사하는 공무원들에게 도움을 줄 수 있으리라 생각된다.

아무쪼록 이 책이 우리나라의 수산업 발전에 조금이라도 도움이 되기를 기대하며, 미비한 점들에 대해서는 차후 수정해나갈 작정이므로 독자 여러분의 기탄없는 비판과 가르침을 바라는 바이다.

2008년 1월

김태호 · 김창길 · 김동수

목차

제4장 인공어초의 재료 및 구조

제5장 침설 어초 설계

제6장 부어초의 설계 및 효과

제7장 인공어초의 적지 선정

제8장 인공어초의 규모와 배치 형태

제9장 인공어초 시설

제10장 인공어초의 내구성

제11장 인공어초의 효과

제12장 인공어초 어장의 이용 및 관리

제13장 바다목장

제14장 해상 낚시공원의 인공어초 시설

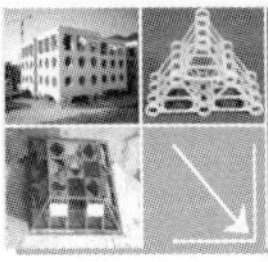

제1장 연안역 개발과 인공어초

1. 연안역 개발의 필요성

21세기에 들어 산업 기술의 비약적인 발달로 인해 우리 삶의 질은 훨씬 풍요로워졌으나, 한편으로는 많은 문제를 안고 있는 것도 사실이다. 우리가 안고 있는 중대한 문제점으로는 지구 온난화, 식량 문제 등이 있다. 지구 온난화는 석탄, 석유 등 화석 연료의 대량 소비에 의해 이산화탄소가 대량으로 발생되고 이것이 대기 중에 증가됨으로써 지구의 온도가 상승하는 것이다. 특히 이산화탄소의 경우 빛은 통과되지만 열이 축적되어 빠져나갈 수 없기 때문에 지구의 온도가 증가하게 된다.

국제연합(UN)의 식량농업기구(FAO) 등에 의하면 21세기 중반에는 전 세계 인구가 현재의 2배인 약 100억 명에 달할 것으로 예상되기 때문에 현재 1인당 식량 소비량을 기준으로 환산해 볼 때, 세계가 필요로 하는 식량은 현재의 2배에 달할 것으로 추정된다. 그러나 농업 생산을 기본으로 한 육상의 식량 생산은 황폐화된 사막의 비옥화, 아시아, 아프리카, 남아메리카, 오스트레일리아 등 대륙의 미개발지에 대한 개발을 통하여 어느 정도의 증산이 기대되지만, 충분한 공급은 어려운 실정이다.

이와 같은 문제점들에 대한 해결은 앞에서 언급한 바와 같이 대륙에서는 어렵기 때문에, 해양에서 해결할 수밖에 없을 것이다. 일례로 광합성을 하여 이산화탄소를 고정함으로써 유기물을 만드는 생산력은 열대 우림(熱帶 雨林)보다 바다에 서식하는 해조류(다시마)가 더 큰 것으로 알려져 있다. 특히 다시마는 성장이 빠르고 서식 분포가 넓은 것이 특징이며, 1년간 $1m^3$당 2,000g의 탄소를 고정하는 열대 우림이나 1,200g의 온대 낙엽수에 비해 양식 다시마는 4,800g의 탄소를 고정한다고 알려져 있다(境, 2001). 또한, 1986년에 발사된 인공위성 님버스 7호로 연안역의 수색 센서에 의한 클로로필을 7년간 조사하여 분석한 결과에 의하면, 연간 해양의 1차 생산량은 3,700～4,700억 톤(탄소)으로 추정되며, 이것은 육지의 그것에 비해 4～5배 정도 높다. 따라서 우리가 직면하고 있는 지구 온난화, 식량 문제 등과 같은 어려운 상황을 해결하기 위해서는 자원의 보고(寶庫)인 바다를 어떻게 잘 이용하고 관리해야 할 것인가에 지혜를 모아야 할 것이다. 이와 관련하여 여러 가지 대안이 있을 수 있겠지만, 무엇보다도 중요한 것은 생산력이 높은 연안역의 체계적 개발 및 관리이다.

연안역은 각종 수산 자원의 산란장, 보육장 및 서식장으로서 중요한 역할을 하며, 어업인들에게는 삶의 터전이요, 해양레저를 즐기는 사람들에게는 여가의 장으로서 제공된다. 따라서 연안역을 어떻게 개발하느냐에 따라 삶의 질이 달라진다고 할 수 있음에도 불구하고 바다는 육지와 달리 자원의 이동이

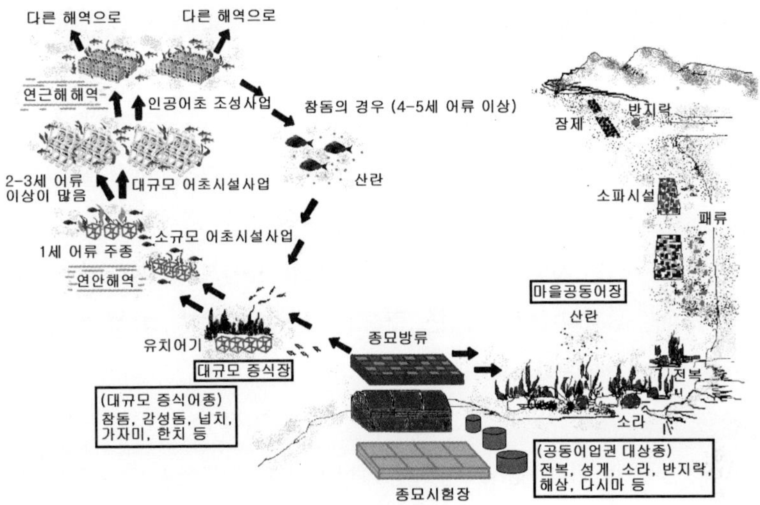

〈그림 1-1〉 인공어초를 이용한 연안역 개발의 예(日本新水産新聞社, 1995).

많기 때문에 관리하고 가꾸는 개념이 부족하다. 그러나 최근 들어 <그림 1-1>과 같이 연안역을 육지의 논과 밭처럼 가꾸기 위한 기술이 개발되고 있다.

2. 연안역의 개발 형태

연안역의 개발 형태는 해역의 특성에 따라 다양하므로 어떤 목적을 갖고 추진하느냐에 따라 그것의 개념이 다르다. 연안역의 정의와 관련해서는 공간적, 시간적 및 이용 형태적 측면에서 다소 차이가 있을 수 있으나, 일반적으로 연안역은 수심이 100m 이내의 비교적 얕은 수역을 말한다.

연안역의 개발 형태와 관련해서는 기초 생산의 제어, 즉 영양염류 등 잠재 자원의 이용, 인공어초나 종묘 투입에 의한 자원 보강, 양식 등에 의한 자원 집중 및 첨가 이용, 해역 내에서의 어획 행동 제어, 즉 플랑크톤 등 먹이사슬 제어와 같은 크게 3개 분야로 이루어진다고 할 수 있다(日本農林水産技術會議事務局, 1992). 영양염류 등 잠재 자원의 이용(기초 생산의 제어)은 생물 생산의 원동력이 되는 먹이 생물로서 에너지는 본질적으로 식물에 의존하고 있으나, 그 기초 생산의 제어를 공학적 관점으로부터 생각하면, 식물 생산의 기본적 영양원인 영양염의 공급 시스템을 식물의 증식과 어떻게 조화를 이루느냐에 의해서 그 해역의 생물 수용력을 증강시킬 수 있다고 할 수 있다. 해수에 녹아있는 영양염류의 대부분은 해저 부근이나 해저에 있다. 이들은 해조(海藻), 플랑크톤 및 박테리아의 동화 작용에 의해 유기물로 합성된다. 따라서 영양염류의 공학적 제어를 생각할 때, 이와 같이 광합성을 하는 식물, 미생물, 빛의 존재 등을 파악할 필요가 있다. 이와 함께 적조와 같이 생물 환경의 균형을 깨뜨리는 일이 없도록 하고, 기초 생산을 증강하는 환경 요인 중에 부족한 부분이 어떤 것인가를 잘 파악하여 그것을 최대한 활용할 수 있도록 해야 한다. 영양염류 등 잠재 자원의 이용에 관한 공학적 방법은 당면한 부족 요인을 어떻게 개선해 주느냐에 초점을 두고 실시되어야 한다. 이와 같은 방법으로는 태양 광선이 약한 깊은 곳에 광선이 투과될 수 있도록 하여 광합성을 촉진하는 광(光) 이용 시스템, 영양염의 농도가 높은 육수나 저층수를 영양염이 부족한 해역에 공급하는 영양염 공급 시스템 등이 있다.

자원의 집중 및 첨가 이용에는 인공어초의 시설과 종묘 방류(어린 물고기 등을 바다에 놓아 주는 것)에 의한 자원 보강과 양식이 있다. 인공어초 시설 및 종묘 방류에 의한 자원 보강은 대상 해역에서 유용 수산 자원의 먹이 생물 등과 같은 환경 수용력이 낮다고 생각될 때, 인위적으로 인공어초를 시설하거나 종묘를 방류하여 그것의 생산량을 확대하려고 하는 것이다. 종묘 방류의 경우, <그림 1-2>와 같이 대상 생물이 차지하고 있는 생태적 우위성을 가질 수 있는 환경에 종묘를 방류하여 목적으로 하는 대상 어종의 생산을 효율적으로 확대시키는 방법이다. 그러나 종묘 방류에 의한 자원 배양 방법은 일반적으로 방류 후 감모(減耗)가 크므로 방류 예정 해역에서 기존 종이 어떠한 과정에서 감모하고 있는가를 사전에 조사해 둘 필요가 있다.

예를 들면 초기 감모가 현저한 생물의 경우에는 감모를 지난 생육 단계에서 방류하게 되면 자원 증대의 효과가 기대될 수 있을 것이다. 그러나 방류 종묘의 감모만을 고려할 경우

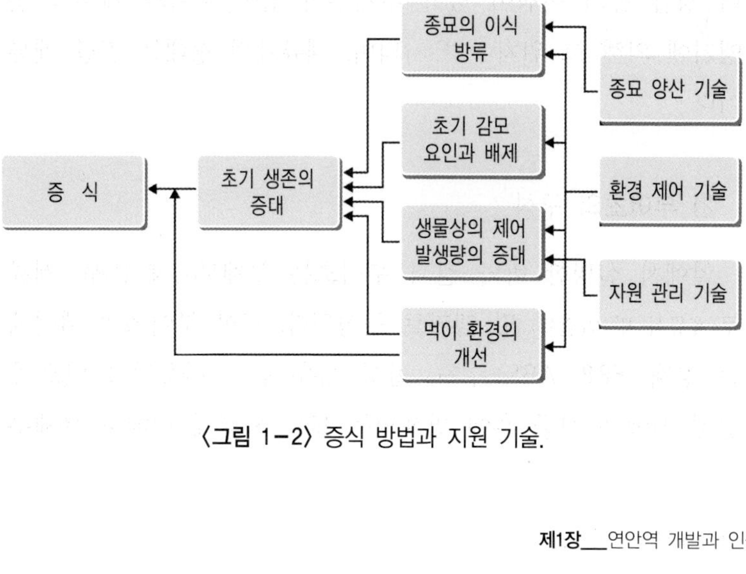

〈그림 1-2〉 증식 방법과 지원 기술.

그것이 상대적으로 적은 성장 단계에서 방류하는 것이 효과적이라고 할 수 있지만, 일정 크기까지 성장시키는 데는 경제적인 면에서 큰 부담이 되지 않을 수 없다. 따라서 인공어초 등을 이용하여 대상 어종의 생태에 적합한 서식장을 조성해 주는 것이 필요하며, 인공어초에 의한 어장 조성 기술을 방류 종묘의 생산 기술과 함께 접목시킴으로써 보다 효율적인 생산 확대를 기할 수 있을 것이다. 양식은 인공어초의 시설이나 종묘의 방류(투입 첨가)에 의한 자원 증강에 비하면, 수산 생물 자원의 생잔율이 훨씬 더 높다. 즉, 양식에 있어서 생잔율이 높다는 것은 자연 상태에서 서식하는 경우보다 생산량이 훨씬 높다는 것이다. 예를 들면, 해조 양식의 경우 자연 해역에서는 통상 조간대로부터 수 십 m 정도의 수심대까지가 서식 범위로 한정되어 있는데 비해, 돌, 밧줄 등과 같은 부착(착생) 기반이 주어지면 생산 수역이 확대되어 생산 효율이 크게 개선될 수가 있다. 양식에 있어서 먹이 생물과 양식 어류와의 관계는 본질적으로 자연 생태계의 범주 내에 있으며, 그것이 인공적으로 관리되고 있는데 불과하다. 그러나, 현재의 양식 어장은 시설 보존과 관리를 위해 파도, 조류 등 외부 환경으로부터 보호받을 수 있는 내만에 밀집되어 있고 응집된 먹이의 투여와 배설의 집중으로 주변 해역의 오염이 가중되고 있으며, 이로 인한 양식 어류의 병해와 품질의 저하 등이 문제점으로 지적되고 있다. 따라서 양식 산업을 생산 확대를 위한 수단으로 만들기 위해서는 대상 어종이 자연 상태로 대량 서식될 수 있는 환경에서 양식하는 것이 필요하며, 그와 같은 장소는 내만보다는 외해역이 적당하다고 할 수 있다. 따라서 시설의 내파(耐波) 성능, 양성 관리 방법, 조업 규모의 크기 등 외해 양식 관련 기술 개발이 요구된다.

한편, 대상 해역 내에 어느 한 종이 우점화 되는 것을 방지하고, 영양 단계가 낮은 플랑크톤 등의 생물에서 영양 단계가 높은 어류에 이르기까지 생물의 생산력이 균형을 이룰 수 있도록 플랑크톤 등 먹이사슬을 제어해야 한다. 예를 들면, 대상 해역에 있어서의 종의 생산력은 플랑크톤 등의 기초 생산량에 크게 의존하지만, 넙치, 가다랭이 등 영양 단계가 높은 어류가 어획되면 영양 단계가 상대적으로 낮은 어류에게 있어서는 해적 생물의 구제를 의미한다. 따라서 이와 같은 사고의 논리를 고려한 연안역의 개발 형태도 고려할 필요가 있다.

참고문헌

日本新水産新聞社, 1995. 沿岸漁場整備開發事業の解說. pp. 106－152.

日本農林水産技術會議事務局, 1992. 海洋牧場. 恒星社厚生閣, pp. 601－606.

境 一郎, 2001. コンブは地球を救う. 水産社, pp. 132－152.

제2장 인공어초의 시설 목적 및 역사

1. 인공어초의 정의

인공어초는 어류 등의 수산 생물이 초(礁)나 침선 등에 위집하는 성질을 이용하여 어획을 목적으로 콘크리트, 강재 등의 재질을 사용하여 만든 구조물로서 수중에 설치되는 것이다. 그리고 인공어초 어장은 인공어초를 계획적으로 배치하여 대상으로 하는 수산 생물의 어획 증대, 조업의 효율화 및 보호배양을 도모하기 위해 조성된 곳을 말한다.

어류 등 수산 생물이 인공어초에 위집하는 이유에 대해서는 아직도 불명확한 점이 많지만, 인공어초가 이들 수산 생물의 서식에 호적한 환경 조건을 만들어 주기 때문이다. 인공어초의 내구 연수는 30년 정도라고 알려져 있지만(국립수산진흥원, 1999), 내구 연수가 경과한 후에도 어떤 형태로든 구조물이 존재하는 한 인공어초의 기능은 발휘된다고 할 수 있다. 따라서 인공어초의 효과는 구조물이 완전히 소실될 때까지 상당한 기간동안 존속된다고 할 수 있다.

2. 인공어초의 분류

인공어초는 일반적으로 시설 공간과 사용 재질에 따라 분류된다. 시설 공간에 따라 인공어초를 분류하면, 침설 어초와 부어초로 다시 나눌 수 있다. 침설 어초는 해저 면에 시설되는 것이고, 부어초는 부력을 이용하여 구조물을 원하는 수층(표층 및 중층)에 시설하는 것을 말한다. 침설 어초와 부어초의 선택은 유체 역학적 측면을 고려할 경우, 프루드수 F_r이 0.32보다 큰 해역에는 부어초를, F_r이 0.32보다 작은 해역에는 침설 어초를 설치하는 것이 바람직하다(中村, 1991). 이들 어초의 시설 수심과 관련해서는 침설 어초는 수심 100m 이내, 부어초는 100m 보다 깊은 해역에 시설되고 있으나, 이것은 해역에 따라 일정하지 않다.

한편, 재질에 따라 인공어초를 분류해 보면, 콘크리트 어초, 강제 어초, 산업 부산물을 이용한 어초 등으로 나눌 수 있으며, 콘크리트 어초는 수심이 얕은 곳에, 강제 어초는 수심이 깊은 곳에 주로 시설되고 있다.

3. 인공어초의 시설 목적

인공어초의 시설 목적은 우리나라, 일본 등 아시아권 국가에서는 주로 어장의 확대이며, 미국에서는 수중 레저용 장소의 증대이다. 이와 같이 인공어초의 시설 목적은 국가에 따라 다르지만, 크게 4가지로 요약할 수 있다.

첫째, 대상 어종의 성장 단계에 적합한 서식장을 조성해 주는 것이라고 할 수 있다. 여기에는 두 가지 의미를 내포하고 있다. 하나는 어류의 서식장 증대이고 다른 하나는 인공어초 시설 해역에서 이루어지는 소형 기선저인망 등에 의한 불법 어업 방지이다. 전자와 관련해서는 인공어초를 시설하게 되면 각종 부착 생물이 착생하며, 인공어초의 주변 수역 및 해저에는 플랑크톤, 벤토스 등이 증가됨으로써 각종 어류가 모여들게 된다. 이로 인해 인공어초 어장의 생산성이 풍부하게 되는 것이다.

둘째, 상업적 어업이나 기선저인망 등에 의한 불법 어업 방지와는 달리 공공의 이익 증진이다. 즉, 저서성 어류에 대한 레저용 어업의 성과를 증진시키는데 있다고 할 수 있다. 상업적 어업을 위해서라기보다는 레저용 어업이나 스쿠버 다이빙을 위해서 인공어초를 시설하는 것이다. 이 경우에는 다양한 서식장의 형태를 조성하기 위해 재료가 서로 다른 인공어초를 각기 다르게 조합시켜 배치한다. 즉, 수직적으로 복잡한 대형 침선 어초와 같이 포식어의 습격에 대하여 은신처를 제공하거나 콘크리트 덩어리 또는 호박돌 크기의 석회석을 채워 넣어 시설하게 된다. 이렇게 시설된 인공어초들은 크고 작은 공간을 만들어 저서성 어류들이 이용할 수 있는 먹이 군락의 크기를 증가시켜 주며, 피난처를 제공해 주기 때문에 보다 많은 어군이 모여 들게 된다.

셋째, 인공어초 시설이 어업의 관리 장치로서 이용되는 것이다. 레저 및 선박 대여업자들 사이에 가장 인기 있는 어장 조성 기술은 어업 생산성이 낮고 상업적 트롤 어업이 이루어질 수 없는 해역을 선정하여 이곳에 인공어초를 시설하는 것이다. 이로 인해 해저에 딱딱한 면이 조성되어 생물 군락이 대량으로 서식할 수 있게 된다. 이들 인공어초 어장들은 어획 사망률을 크게 증대시키지 않고, 포식어로부터 소형 어류를 보호하는 피난처로서 작용할 것이다. 또한, 인공어초 어장에서 과대한 어류 생산으로 인해 잉여 어군, 즉 수용력이 부족한 어군은 보호 지역의 다른 인공어초 어장으로 이동하거나 어업에 이용될 수 있다는 것이다. 인공어초가 어업 관리 장치로 이용되고 있는 또 다른 형태는 종래의 어장에 대한 보상으로 이용되는 것이다. 이와 같이 인공어초에 의해 새롭게 조성된 서식장은 자연적으로 딱딱한 저면을 갖는 해저면의 대체 구조물 또는 해양 보존 해역의 설정으로 인해 어업이 금지된 인공어초 어장으로서 역할을 할 것이다.

넷째, 인공어초를 시설하여 자연초 어장의 이용 강도를 완화(mitigation)시켜 주는 것이다. 즉, 해수욕장의 백사장 조성 사업을 위한 모래 채취, 어항이나 항만 시설의 확충, 선박 등에 의한 산호초의 파괴 등과 같이 인간의 활동에 의해 피해를 입었거나 파괴된 저면을 인공어초로 조성해 주는 것이다. 환경 부화를 완화시켜 주기 위해 시설된 인공어초의 경우, 과거에는 기술의 미숙으로 인해 인간에 의해 영향을 받거나 파괴된 서식장의 형태와 비슷한 크기로 조성하는데 많은 어려움이 있었다. 그러나 현재에는 동일한 형태와 크기로 조성해 주고 있으며, 다르게 표현하면 파괴된 서식장의 기능을 모방하여 조성해 주는 것이다.

4. 인공어초의 역사

인공어초는 연구 또는 사업 규모를 고려하여 전 세계적으로 시설되고 있다(Seaman, 2002). 인공어초를 시설하고 있는 국가를 대륙별로 살펴보면, 유럽의 경우, 영국, 프랑스, 노르웨이, 독일, 러시아, 스페인, 포르투갈, 이탈리아, 터키 및 그리스, 아시아의 경우 한국, 일본, 중국, 태국, 말레이시아, 인도, 대만, 스리랑카, 필리핀 및 이스라엘, 아메리카의 경우, 미국, 캐나다, 브라질, 멕시코, 쿠바 및 칠레, 아프리카의 경우 모나코, 몰디브, 코트디브와르 및 나이제리아, 그리고 오세아니아주의 경우 오스트레일리아를 들 수 있다. 그러나 여기에서는 미국, 일본 및 우리나라의 인공어초 역사에 대해서만 기술한다.

1) 미국의 인공어초 시설

미국의 인공어초 역사는 100년 이상이 되며, 공식적인 연구 기록은 1860년 John Holbrook이 Ichthyology of South Carolina에 발표한 논문으로 크게 두 가지 교훈을 준다. 하나는 바다에 구조물을 시설하게 되면 어류가 모여 들게 되며, 좋은 서식장을 제공해 준다는 것이다. 그러나 또 하나는 수중에 구조물을 시설할 때 주위의 경관을 해치면서 그것을 시설하는 것은 바람직하지 못하다는 것이다. 즉, 숲을 베어내어 인근 지역을 황폐화시켜 가면서 그것으로 인공어초를 제작하여 시설할 경우 효과는 높지 않다는 것이다.

초창기 미국의 인공어초는 상수리나무 등을 지붕이 없는 오두막처럼 엮고 그것의 높이가 1.5～2.0m 정도 되게 하여 내부에는 돌과 상수리나무의 원목을 잘라 넣고 바다의 저면이나 혹은 원하는 곳에 시설하였다. 이렇게 시설된 인공어초에는 어류들이 모여 들고 수 주 일이 지나면 따개비들이 붙기 시작하였다.

1900~1940년대의 인공어초 시공 실적에 관한 기록은 1916년의 Great South Bay의 낚시 어선 협회에 의한다. 이 협회는 낚시를 즐기려는 사람들을 위하여 그들이 거주하고 있는 가까운 섬들 주위에 인공어초를 시설하였다. 이 어초는 버터 통에 지름이 10cm이고, 길이가 60~90cm인 통나무를 꽂아 움직이지 않도록 버터통의 반쯤을 시멘트로 채워 넣고, 이것을 연안 해역에 시설하였는데, 약 30년 동안 생산성이 높은 어장으로 이용되었다. 이 협회가 인공어초를 시설하게 된 배경에는 어선의 속도가 느리고 어군 탐지기 등과 같은 어군 탐색 장비가 장착된 선박이 거의 없어 어획 실적이 좋은 먼 바다까지 항해가 어려웠기 때문이다. 미국의 인공어초에서 특이한 것은 1930년부터는 담수에서도 인공어초를 시설했다는 것이다. 이 어초는 담수용 인공어초 혹은 brush shelter로서 이용되었으며, 담수어의 서식장 개선에 인공어초의 잠재성이 높게 인정되었다. 이와 함께 담수용 인공어초에 관한 많은 연구가 수행되었다 (Hazzard, 1937; Hubb and Eschmeyer, 1938; Rodeheffer, 1939; 1940; 1945). 1940년대에는 인공어초를 거의 시설하지 않고 기존 인공어초 어장을 다시 정비할 정도로 인공어초의 시설에는 큰 관심이 없었으나, 그것에 대한 어장 조성이 필요성은 계속 강조되었다.

1950~1970년대에는 1950년대부터 미국의 연안역에 인공어초가 다시 시설되기 시작하였고, 1953년도에는 Shaefer “Beer

Case Reef"가 14,000개나 시설되었다. 특히 수심이 비교적 깊은 해역에서도 인공어초가 시설되었으며, 수심 20m의 해역에 4척의 침선과 수 톤의 다른 재료들을 사용하여 제작된 인공어초가 시설되었다. 이렇게 시설된 인공어초는 낚시인들에게 큰 인기가 있었고, Reading Railroad라고 하는 회사에서는 낚시인들을 대상으로 특별히 1일간의 낚시 여행을 계획하여 운행할 정도로 인공어초가 큰 각광을 받았다. 한편 대상 어종을 중심으로 한 인공어초의 시설은 1954년 알라마바 주에서 시작되었다. 이 어초는 폐 자동차를 이용한 것으로 250대의 폐 자동차 인공어초가 멕시코만에 시설되었으며, 그것의 대상 어종은 Grouper(바리류), Snapper(금색돔) 등이었다. 그 밖에 텍사스 주에서도 유어(sport fishing)용 인공어초가 시설되었다. 1950년도 중반부터 1960년대까지는 수많은 어업 클럽에서 유어용 소형 어초를 시설하였다. 그러나 그 전까지는 인공어초의 시설이 주로 민간인 중심으로 수행되어 왔으나, 이 무렵부터 연방 정부와 각 주 정부에서 인공어초 시설에 많은 관심을 기울이게 되었다. 이 과정에서 인공어초에 대한 주요 관심은 어떻게 하면 인공어초의 시설 효과를 향상시킬 수 있느냐에 집중되었다. 1970년에도 인공어초가 바다뿐만 아니라 담수에서도 시설되었다. 즉, 45개 주에서 인공어초 시설 사업을 수행하였으며, 그 중 28개 주에서는 담수에도 인공어초를 시설하였다.

1980~1990년대에는 많은 양의 인공어초가 미국 전역에서 시설되었으며, 1984년 미국 어업 진흥법이 연방 의회를 통과함에 따라 비로소 인공어초의 조성을 촉진하기 위한 연방 정부 수준의 법규가 제정되었던 것이다. 1985년에는 상기 미국

어업 진흥법에 의거 상무성 어업 해양국에서 인공어초의 시설 사업에 관한 연방 지침이 작성되었다.

미국의 인공어초는 연안 개발에 관한 권한을 갖고 있는 기관(미 육군 공병대)의 허가를 받아 해양 및 연안역에 시설되고 있으며, 1990년까지 약 600개소에 인공어초가 시설되었다. 1990년까지 각 주별 인공어초의 시설 실적을 보면, 플로리다 주가 약 121개소로 가장 많은 해역에 인공어초를 시설하였으며, 그 다음으로 노스캐롤라이나 주가 66개소, 캘리포니아 주가 36개소, 워싱턴 주가 30개소, 사우스캐롤라이나 주가 22개소, 메릴랜드 주가 21개소, 하와이 주가 4개소에 인공어초를 시설하였으며, 5대호 지역에서도 11개소에 인공어초가 시설되었다. 하천, 강, 호수 등 담수에 시설된 인공어초의 시설 실적을 보면, 1984년까지 52개주 중에서 32개의 주가 연방 정부로부터 자금을 지원받아 44,643개의 인공어초를 시설하였다. 이들 어초 가운데 70% 정도는 호수나 저수지에, 그리고 30% 정도는 강에 시설되었다. 1990년대까지 바다와 인접한 23개의 주 중 16개주가 인공어초 시설 사업을 추진하였다. 한편, 시설된 인공어초의 종류를 살펴보면, 콘크리트 어초 등 침설 어초가 85%이고, 표·중층 부어초가 15% 정도이다. 플로리다 주의 경우 1970년도에는 인공어초의 시설 장소가 18개소 밖에 되지 않았으나, 인공어초 시설이 해마다 증가하여 1980년에는 92개소, 1986년에 117개소, 1999년에는 1,500개소에 이르게 되었다.

미국의 인공어초 특징은 인공어초 등 서식장의 시공 기술이 상당히 정교한 우리나라와 일본과는 달리 그다지 정교하지 않고 상대적으로 비용이 적게 요구되는 천연 혹은 산업 부산물이 인공어초의 시공에 이용되었다는 것이다. 또 앞에서 살펴본 바와 같이 각 주(지방 정부)나 민간단체를 중심으로 인공어초를 시설하였으나, 현재는 연방이나 지방 정부 모두 인공어초에 의한 수산 생물의 서식장 조성에 큰 관심을 보이고 있다. 한편 인공어초에 의한 수산 자원 조성 기술의 기본은 어업을 촉진시키는 역할뿐만 아니라 천연 서식장 환경의 질을 회복·증강시켜 주는 것으로 인공어초의 조성 기술이 상당히 발달되어 있으나, 인공어초에 대한 형태학적 및 사회·경제적 관점을 포함한 종합적이고 장기적인 평가는 미흡한 실정이다. 특히 미국에서 수산 자원의 조성과 관련하여 관심을 갖고 있는 것은 mitigation 즉, 경제적 가치를 부여하기 위하여 해양 생태계의 서식장을 조성 또는 증가시켜 주는 것이고, 또 하나는 유독제, 유류 오염, 발전소의 온도 저하 시스템(cooling system) 등과 같은 인간의 활동에 의한 서식장을 파괴하거나 피해를 일으키는 곳에 대한 원상회복이다.

미국에서 인공어초의 시설 효과에 관한 과학적인 연구 결과는 1957년 하와이 주의 육상 천연 자원부 Fish and Game과에서 실시한 조사에서 찾을 수 있다(Kanayama and Onizuka, 1973). 또한 캘리포니아 주의 Fish and Game과에서도 캘리포니아 수역 내에 시설된 인공어초 재료의 비용 및 어업인에 대한 수혜 효과를 조사하였다(Carlisle et al., 1964). Randall(1963)은 1960년에 Vergin island 주위에 인공어초를 시설하여 28개월이 경과한 시점에서 조사한 결과, 인공어초 시설 해역이 비 시설 해역에 비해 어류의 현존량이 약 11배 정도 높다고 보고하였다.

이와 같은 연구 결과를 근거로 하여 그는 보다 많은 인공어초를 시설하여 상업 및 유어용 어업을 증강시킬 것을 주장하였다(Unger, 1966).

담수에 시설된 인공어초의 효과 조사는 1950년에 시작되었으며, 이들 조사는 1970년까지도 활발히 수행되었다. 이들 어초의 효과에 관한 연구 항목은 주로 인공어초 시설 해역과 비시설 해역의 단위 노력당 어획량(CPUE)을 비교하는 것이었다. 연방 정부를 비롯한 국가 연구 기관에서 해양에 시설된 인공어초에 대하여 본격적으로 연구를 수행한 것은 1966년부터이다. 이들 연구 기관의 연구 초점은 시설된 인공어초가 어족 자원의 보호 배양에 얼마만큼 도움을 줄 것이며, 시설 효과 측면에서 어떤 종류의 인공어초가 적합한지에 집중되었다.

한편, 침선 어초와 타이어를 이용한 인공어초에 대한 효과 조사(1971년~1974년) 결과, 이들 어초들은 낚시인들에게 단위 노력당 어획량을 증가시켜 주는데 크게 기여하였다. 특히 인공어초가 시설된 해역에 거주하고 있는 어업인들의 16% 정도가 이 어초를 이용함으로써 인공어초 시설 사업이 지역 경제의 활성화에 크게 기여하였다고 보고되고 있다(Buchanan, 1973).

이제까지는 주로 해저에 시설되는 침선 어초에 대해서만 언급하였으나, 부어류를 대상으로 하는 부어초에 대한 연구도 수행되었다. 부어초의 효과에 관한 조사는 National Marine Fisheries Services(국립 해양 수산국)에서 1960~1970년대까지 멕시코만과 하와이 근해에서 수행되었다. 그 후 각 주에서는 중층이나 표층에 부어초를 시설하여 높은 어획 효과를 거두었다. 이들 부어초는 특히 서태평양 해역에서 아주 높은 어획 생산성을 올렸다. 또한 사우스캐롤라이나 주의 생물학자들은 부어초 시설 해역에서 낚시에 의한 부어류의 단위 노력당 어획량이 끌낚시 조업 수역(trolling area)에서 보다 무려 80.3% 이상 높았다고 보고하고 있다(Myatt, 1982).

2) 일본의 인공어초 시설

일본에는 옛날부터 전해져 오는 전통적 어구 중에 고기를 모아 어획하기 쉽게 하는 부어구로서 석총(石塚, stone mound, 석방림) 등이 있으며, 낙지 통발처럼 어획 기능과 집어 기능을 함께 가진 어구도 있다. 이들은 경험에서 생겨난 어구·어법이며, 개량 과정을 거쳐 현재도 사용되고 있다. 이들 전통적인 어구에 대한 지식이 인공어초의 원조로 생각되지만, 기록에 남겨져 있는 일본 최초의 인공어초 사업은 1640년 고치(高知) 지방에서부터이다(Hirao et al., 1976). 고치현(高知縣)에서는 지금부터 350년 전에 산에 있는 돌을 바다에 넣어 어장을 조성했다고 하는 기록이 있는데, 이와 같은 어장 조성 사업은 일본 연안뿐만 아니고 전 세계적으로도 행해져 왔을 것이다.

일본에서는 인공어초 시설 사업이 1913년경에 정부의 보조사업으로 채택되어 국책 사업으로 실시되었으며, 본격적으로 사업이 시작된 것은 연안 어장 정비 개발법을 제정하여 연안 어장의 정비 개발 사업을 실시한 1975년부터이다. 연안 어장의 정비 개발 사업은 해양 생물의 자원을 증가시키고, 기르기 위해 필요한 장소를 적극적으로 만들어 주는 것을 의미한다. 이 사업은 도(都), 도(道), 부(府), 현(縣), 시(市), 면(町), 리(村) 등이 주체가 되며, 인공어초 시설 사업, 증·양식장 조성 사업,

연안 어장 보존 사업으로 구성된다(日本新水産新聞社, 1995). 먼저, 인공어초의 시설 사업은 해저의 암초역 등에 어류가 위집하여 양호한 어장이 형성되는 특성을 이용한 것으로 콘크리트 블록 등을 해저에 시설하여 좋은 어장을 조성해 주는 것이다. 다음으로 증·양식장 조성 사업은 증식장 조성 사업과 양식장 조성 사업으로 나누어지며, 증식장 조성 사업은 조장(藻場)이나 간사지 조성, 소파제의 설치 등에 의해 어·패류나 해조류의 증·양식에 중요한 서식장, 은닉처, 먹이장 등을 정비하여 자원의 증대를 도모하는 것을 말한다. 양식장 조성 사업은 소파제 등을 설치하여 파도를 약하게 하고 가두리 시설을 이용한 양식 등이 이루어지는 장소를 제공해 주는 것을 말한다. 마지막으로 연안 어장 보존 사업은 생활 폐수 등의 유입으로 어장 환경이 악화되어 적조 발생 등이 예상되는 해역에서 준설에 의해 저질을 개선하고 해수의 교환을 촉진시키는 등 어장 기능을 회복시키고, 연안 수역의 환경을 개선하는 것을 말한다. 한편, 일본은 2001년에 그전까지 연안 어장 정비 개발법에 의해 추진해 오던 인공어초 사업을 전면 개편하여 「어항 어촌 정비 개발 사업(漁港 漁村 整備 開發 事業)」과 「연안 어장 정비 개발 사업(沿岸漁場 整備 開發 事業)」을 한데 묶어 「수산 기반 정비 사업(水産 基盤 整備 事業)」으로 통합하였다. 이와 함께 1950년과 1974년에 각각 재정된 어항법과 연안 어장 정비 개발법을 한데 묶어 2001년 6월에 어항 어장 정비법으로 개정하여 2002년 4월부터 시행하고 있다. 이에 따라 종래의 정비 계획 제도를 폐지하고, 새롭게 농림수산성(農林水産省)이 어항 어장 정비 사업 추진에 관한 기본적인 사고(思考)의 틀이 되는 방침을 정하였다. 그리고 동시에 사업에 관한 장기 계획을 세우고 그것에 따라 사업 주체가 주체적으로 사업 계획을 세우는 제도로 바뀌었다.

일본의 연안 어장 정비 개발 사업의 정비 면적 및 정비율을 보면, <표 2-1>에서와 같이 제 1차부터 제 4차 연안 어장 정비 사업(이하, 연정)까지 투자된 예산은 12,649억 엔이며, 이 중 인공어초 분야에 투자된 금액은 전체 예산 중 44%인 5,628억 엔이다. 이 예산을 통하여 정비된 어장은 약 5,955km^2(약 595,500ha)에 이른다. <표 2-1>에서 제 4차 연정 중 2000년과 2001년의 정비 면적 및 정비율은 계획치이며, 어장 정비율은 기존 이용 면적과 정비 면적을 합산하여 어장에 적합한 면적으로 나누어 100을 곱해준 값이다. 여기서 정비 면적의 경우, 제 1차 연정 이후에 개발된 면적에 구획 어업권 면적, 보호수면 면적, 자연초, 군함초 등을 합산한 것이다. 또한 정비 면적은 연안 어장 정비 사업에서 수행된 면적을 뜻하며, 어장에

〈표 2-1〉 일본의 연안 어장 정비 개발 사업의 정비 면적 및 정비율

(단위: km^2)

구 분	제 1차 연정 실적	제 2차 연정 실적	제 3차 연정 실적	제 4차 연정		
				계획	2000 계획	2001 계획
기이용 면적(1)	10,341	11,120	12,434	14,333	16,452	16,763
정비 면적(2)	779	1,314	1,899	1,963	311	273
(1)+(2)	11,120	12,434	14,333	16,296	16,763	17,036
어장에 적합한 면적	132,491	좌동	좌동	좌동	좌동	좌동
어장 정비율(%)	8.4	9.4	10.8	12.3	12.6	12.9

적합한 면적이란 수심이 200m보다 얕은 해역의 면적에서 이용이 제한되거나 불가능한 면적(항만 구역, 항로, 해중공원, 정치망 어장, 지형·지질 부적합 수역, 매립 예정 수역, 조업 금지 제한 구역 등)을 제외한 것을 나타낸다.

3) 우리나라의 인공어초 시설

우리나라의 인공어초 시설에 관한 기록은 1860년 김려(金鑢)가 지은 우해이어보(牛海異魚譜)에서 찾을 수 있다. 그러나 본격적으로 인공어초가 시설된 것은 1971년부터이다. 이때부터 정부에서는 수산 생물의 산란장 및 서식장 조성을 통한 수산자원의 증대를 위해 전국의 연안에서 수심이 100m 이하인 해역 중 총 적지 면적인 307,000ha를 대상으로 인공어초를 시설해 오고 있으며, 2006년까지 총 적지 면적의 약 63%인 191,478ha의 해역에 인공어초가 시설되었다.

우리나라의 인공어초는 외국과 달리 패류 및 조류(藻類)를 대상으로 하는 것과 유영성 어류를 대상으로 하는 것 모두를 인공어초로 통칭하고 있다. 특히 패·조류용 어초는 수심이 15m인 해역 또는 그보다 얕은 해역에서 설치되고 있으며, 어류용 어초는 수심이 20~70m의 해역에 주로 시설되고 있다.

연도별 콘크리트 인공어초의 구조 형태 변화를 보면(Kim, 2001), 1970년대에는 사각형 어초(1×1×1m)만 시설되었으나, 1980년대에 들어서는 사각형 어초(2.0×2.0×2.0m), 잠보형 어초(6.5×5.0×5.7m), 반구형 어초(ϕ1.3×2.0m), 원통형 어초(ϕ1.8×1.8m) 등 높이가 높고 용적이 큰 인공어초들이 시설되었다. 그리고 2000년 이후부터는 인공어초의 종류도 강제 어초 등에 이르기까지 다

〈그림 2-1〉 상자형 콘크리트 어초(3×3×3m).

양하게 변하였고, 기능면에 있어서도 시설된 인공어초에 위집된 어류를 단순히 어획하는 부어구적 기능 이외에 <그림 2-1>과 같이 인공어초 자체를 하나의 배양체로 고려하는 자원배양형 어초(상자형 콘크리트 어초 등)가 개발되는 등 인공어초의 개발도 다양화 되고 있다(Kim et al., 1994).

참고문헌

Buchanan, C.C., 1973. Effects of an artificial habitat on the marine sport fishery and economy of Murrells Inlet, South Carolina, Mar. Fish. Rev., 35(9), 15-22.

Carlisle, J.G., Jr.C.H. Tuner and E.E. Ebert, 1964. Artificial habitat in the marine environment. California department of fish and game, Fish. Bull., 124 pp.

Hazzard, A.S., 1937. Results of stream and lake improvement in Michigan. Transactions of the Second North American Wildlife

Conference.

Hirao, M., D. Yamamoto, S. Yokogawa, K. Hirota and N. Shimeno, 1976. Kaizanshuu of nonaka kenzan, 4, History 3, pp. 48－694.

Hubbs, C.L. and R.W. Eschmeyer, 1938. The improvement of lakes for fishing: A method of fish management. Michigan Department of conservation, Inst. Fish. Res. Bull., 2, 233 pp.

Kanayama, R.K and E.W. Onizuka, 1973. Artificial reefs in Hawaii. Hawaii Fish and Game, Report 73－10.

Kim, C.G., 2001. Artificial reefs in Korea. Fisheries, 26(12), 15－18.

Kim, C.G., J.W. Lee and J.S. Park, 1994. Artificial reef designs for Korean coastal waters. Bull. Mar. Sci., 55(2－3), 858－866.

Myatt, D.O., 1982. Application of midwater fish attractors for recreational fishery improvement in the south Atlantic bight. In J.D. Murray(Compiler), Mid－Atlantic artificial reef conference, a collection of abstracts, New Jersey sea grant report N.J.S.G., pp. 82－78.

Randall, J.E., 1963. An analysis of the fish populations of artificial and natural reefs in the Virgin Islands. Carrib. J. Sci., 3, 31－47.

Rodeheffer, I.A., 1939. Experiments in the use of brush shelters by fish in Michigan lakes. Pap. Mich. Acad. Sci. Art. Lett., 24, 183－193.

Rodeheffer, I.A., 1940. The use of brush shelters by fish in Douglas lake. Michigan. Pap. Mich. Acad. Sci. Art. Lett. 24, 357－366.

Rodeheffer, I.A., 1945. Fish populations in and around brush shelters of different sizes placed at varying depths and distances apart in Douglas lake. Michigan. Pap. Mich. Acad. Sci. Art. Lett., 30, 325－345.

Stone, R.B., 1986. Pages 3－13 *in* Frank, M.D. Artificial reefs, Marine and freshwater applications. Lewis Publishers, INC, Michigan.

Unger, I., 1966. Artificial reefs - a review. Adapted by E. C. Bolster. American Littoral Society, Special Publication 4, 74 pp.

Seaman, W.Jr., 2002. Unifying trends and opportunities in global artificial reef research, including evaluation. ICES Journal of Marine Science, 59, 514 - 516.

中村 充, 1991. 改訂水産土木學. 生態界海洋還境エンジニアリング. 工業時事通信社, 東京, pp. 411 - 418.

日本新水産新聞社, 1995. 沿岸漁場整備開發事業の解說. pp. 44 - 105.

국립수산진흥원, 1999. 통영 해역 바다목장화 연구 개발 용역 사업 보고서. 인공어초에 의한 어장 조성 모델 개발, pp. 30 - 42.

제3장

인공어초에 대한 어류의 반응 형태와 그것의 기능

1. 어류의 생활과 인공어초

인공어초를 단지 수중에 존재하는 고형체(물체)라고 가정한다면, 고형체와 어류 생활과의 관계를 어류의 성장 단계와 결부시켜 다음과 같이 구분할 수 있다.

1. 서식 기간의 대부분을 수중의 물체와 밀접한 관계를 갖는 어종
2. 서식 기간 중 특정 기간만 수중의 물체와 밀접한 관계를 갖는 어종
3. 서식 기간 중 수중의 물체와 거의 밀접한 관계를 갖지 않는 어종

그러나 수중의 물체와 어류 생활과의 관계는 환경 조건에 따라서 다르지만, 이와 같은 어류의 행동 양식은 어류의 고유 특성이며, 기본적으로는 개체가 처해 있는 성장 단계와 환경 조건에 대응하여 발현되는 어종의 속성이라 할 수 있다.

1) 유 · 치어 단계

조장(藻場)과 뜬말(流藻)은 유 · 치어 단계의 어류 서식장으로 알려져 있다. 특히 조장에는 잘피류에 의한 조장(zostera belt)과 모자반류, 감태 등의 대형 해조류로 이루어진 조장(sargassum belt)이 있다. 이들에 출현하는 어류는 약 150종에 이르지만, 산업적으로 가치가 없는 어종이 많고 수산업상으로 중요한 어종은 농어, 황점볼락, 쥐노래미, 용치놀래기 등과 같은 30종정도이다(菊池, 1966; 千田, 1969). 이들 어류의 대부분은 유어기에 잘피류 등이 있는 곳에서 서식한다. 또한 조장은 치어와 새우류 등을 먹이 연쇄의 정점으로 하는 군집이 형성된 곳으로 생물상이 풍부할 뿐만 아니라 치어의 서식장으로 중요한 위치를 점하고 있다(山本, 伊藤, 1973). 이외에도 양식 시설이나 천해역에 시설된 인공어초도 유 · 치어의 위집과 성육장으로서 천연 조장과 동일한 기능을 갖는 것으로 알려져 있다.

뜬말도 유 · 치어의 서식장으로 중요한 위치를 차지하고 있다. 千田(1965)에 의하면, 뜬말 밑에서 채집된 종은 51과 113종에 달하며, 이것에 다량으로 출현하는 유용 어류에는 쟷방어, 돌돔, 황점볼락, 볼락, 말쥐치 등이 있다. 그러나 뜬말의 어류상은 해역에 따라 각각 다르며, 계절에 따라서 변한다. 그리고 대부분의 어류는 어느 정도의 크기까지 성장하면 뜬말을 떠나 새로운 생활환경으로 이동하며, 그 시기가 정해져 있는 것은 아니다.

이상은 유 · 치어 단계에 있어서 수중의 물체와 밀접한 관계를 갖는 전형적인 생활형을 알아보았으나, 조장이나 뜬말에 모여드는 유·치어가 모자반류나 표류물인 목편과 같은 잡물이나 투석 및 인공어초와 같은 무생물체에도 모여들 것인가에 대한 상세한 연구 결과는 없다. 그러나 현재까지 얻어진 현상적인 정보에 의하면 유·치어의 물질 판단이나 선택성은 없는 것으로 알려져 있다. 그리고 어류는 동일한 생활형을 갖는다 하더라도 각각의 종마다 특성이 있기 때문에 오히려 구조를 선택한다고 하는 것이 타당할지 모른다.

한편, 유·치어 중에는 조장, 뜬말, 양식 시설물, 인공어초 등의 수중 물체와 관계를 갖지 않는 어종도 상당히 많다. 이와 같은 특성은 표층 유영성 어종이나 주촉성이 강한 어종에서 많이 볼 수 있다.

2) 인공어초와 위집어의 위치 관계

수중의 물체와 그것에 위집하는 어류와의 공간적 거리 관계에 대해서는 다수의 연구 결과가 있다. 千田(1962)는 뜬말에서 공간적 거리와 식성의 양면으로부터 뜬말을 1 은닉장으로 이용하는 어류, 2 은닉장 및 먹이장으로 이용하는 어류, 3 주로 먹이장으로 이용한 어류, 4 우연히 채집된 어류로 분류하였다. 또한, Quast(1968)는 Kelp-bed에 있어서 어류의 서식장과 식성의 측면으로부터 다음과 같이 4구역으로 구분하였다.

1 Zone Ⅰ: Kelp-bed의 공간 혹은 표면을 먹이장과 은닉장으로 이용하는 어류

2 Zone Ⅱ: 항상 Kelp-bed 주위를 유영하며, 이곳의 밑 부분을 먹이장으로 이용하지만, 때로는 은닉장

으로 이용하는 어류

3 Zone Ⅲ: Kelp-bed가 보일 수 있는 범위 내의 개방 수역을 이용하는 어류

4 Zone Ⅳ: Kelp-bed와 관계없는 수역을 이용하는 외양성 어류

그리고, 小川(1968)는 어류의 생활 행동이나 유영할 때 목표물(구조물)에 어떻게 정위(定位, localization)하느냐에 따라서 다음과 같이 구분하였다.

1 Ⅰ형: 강한 접촉 자극을 필요로 하며, 항상 고형체에 어체의 대부분을 접촉시키려는 어류(넙치, 갯장어 등)

2 Ⅱ형: 가슴 혹은 배지느러미 등 어체의 일부분을 고형체에 접촉시키려는 어류(쥐노래미, 쏨뱅이 등)

3 Ⅲ형: 어체를 고형체에 거의 접촉시키지 않지만, 매우 가까운 거리에 고형체의 존재를 필요로 하는 어류(참돔, 감성돔, 돌돔 등)

4 Ⅳ형: 고형체의 존재를 필요로 하지 않지만, 고형체가 존재하면 정위 행동을 취하는 것으로 유체 자극의 정위만으로도 위집이 가능한 어류(고등어, 전갱이, 방어 등)

5 Ⅴ형: 고형체의 존재를 전혀 필요로 하지 않고, 유체 자극의 정위만으로도 위집이 가능한 어류(꽁치, 가다랭이 등)

이상에서와 같이 인공어초 등 수중 구조물에 위집하는 어류 등은 각각의 인공어초에 대하여 특유의 행동 생태를 나타내는 것으로 알려져 있다. 이들 행동 생태는 인공어초의 조성

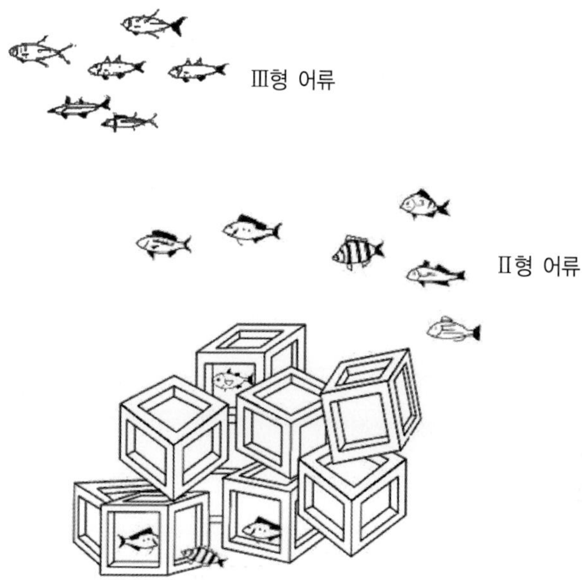

〈그림 3-1〉 인공어초에 대한 어류의 반응 형태
(日本全國沿岸漁業振興開發協會, 1986).

즉, 적지 조사와 인공어초의 구조 선정 및 배치 형태의 결정에 중요한 요소로 작용한다. 인공어초에 위집하는 어류는 해역에 따라 다르지만, 많은 어종이 인공어초에 모여 드는 것으로 알려져 있다(小川, 1968; Kim, 2001). 그러나 인공어초 조성 예정 해역에 출현하는 모든 어종을 대상으로 하여 어초 어장을 설계하는 것은 현실적으로 많은 어려움이 따른다. 따라서 인공어초에 대한 어류의 행동 생태(반응 형태)를 단순화하여 적용할 필요가 있다. 中村(1991)는 <그림 3-1>과 같이 인공어초에 대한 어류의 반응 형태를 3형(Ⅰ~Ⅲ형)으로 분류하였다.

1 Ⅰ형: 인공어초에 어체 전부 혹은 일부분을 접촉시키는

어류(쥐노래미, 조피볼락, 쏨뱅이, 볼락 등)

2 Ⅱ형: 인공어초에 어체를 접촉시키지는 않지만, 그것의 주위를 유영하는 어류(참돔, 돌돔, 농어, 벤자리 등)

3 Ⅲ형: 인공어초로부터 떨어진 표·중층 수역에 유영하는 어류(방어, 가다랭이, 삼치, 전갱이, 고등어 등)

한편, 인공어초에 위집하는 이들 어류는 각각의 감각 기관으로 그것의 존재를 감지하면서 특유의 행동을 나타낸다고 알려져 있다. 이들 생물이 인공어초의 존재를 감지하기 위한 자극으로서는 접촉 자극, 시각 자극, 음파 자극, 흐름에 대한 자극 등이 있다. Ⅰ형에 속하는 어류는 주로 접촉 자극과 시각 자극, Ⅱ형에 속한 어류는 시각 자극과 음파 자극, Ⅲ형에 속하는 어류는 음파 자극과 흐름 자극에 각각 반응한다고 알려져 있다(日本全國沿岸漁業振興開發協會, 1986). 그러나 이들 형에 속하는 어류 중에서도 인공어초와의 자극의 강약 정도는 어류에 따라 다르며, 동일 어류일지라도 발육 단계와 계절에 따라 차이가 있다고 할 수 있다(柿元, 1993).

2. 인공어초의 기능

앞에서 언급한 바와 같이 어류는 유·치어기부터 성어기에 이르기까지 성장 단계마다 서식 환경이 다르다. 어류마다 성장 단계에 따라 특유의 생활권이 형성되며, 어종마다 특유한 서식장을 선택하게 된다. 어떤 종은 유어기에 뜬말에 붙어 서식하기도 하고 또는 천해의 조장 지역에 서식하는 시기를 갖기도 한다. 일반적으로 암초성 어류의 대부분은 유어기의 처음부터 암초 지역에서 보내는 등 어류마다 서식 형태가 각각 다르며, 수중 구조물과의 관계에 있어서도 다른 특성을 나타낸다. 이러한 어류의 행동은 주로 본능에 의한다고 할 수 있으며, 이들의 행동에 의거 하여 인공어초의 기능을 분류하면 서식장 또는 휴식장, 먹이장, 산란장으로 나눌 수 있다(日本水産資源保護協會, 1976).

1) 서식장 또는 휴식장

인공어초의 내부와 그 간격 사이에 정좌하는 어류와 항상 그 주변을 유영하는 암초성 어류나 저서성 어류 등에 있어서 인공어초는 서식장 또는 휴식장을 제공하는 역할을 한다고 할 수 있다. 이것은 쥐노래미, 쏨뱅이 등 야행성 어류의 행동을 보면 쉽게 이해할 수 있을 것이다. 항상 인공어초 주변에서 서식하고 있는 돌돔, 벵어돔, 볼락, 쥐치 등에 있어서도 인공어초는 서식장의 역할을 한다. 또한 표층성 어류의 경우 인공어초에서 인공어초로 이동하는 것이 일반적이며, 그 사이에 섭이 행동도 하고 외적에 의해 위협을 느낄 때 도피 장소로 이용하는 경우 등 일시적으로 체류하는 어류도 <그림 3－2>와 같이 그것을 휴식장으로 이용하고 있다고 봐야 할 것이다.

이와 같이 어류의 행동은 수중의 물체와 밀접한 관계를 가지려고 하는 어류의 본능적 욕구에 의해 유발된다고 할 수 있으며, 그 정도는 어류의 성장 단계에 따라 다르다. 수중 구조물에 어체를 접촉하고 있다든지 혹은 어류가 수중 구조물과 매우 가까운 곳에서 취한 행동은 어류 스스로가 안정감(스트레스 감소)을 감지한다고 할 수 있다. 이것은 어류가 가지고 있는

〈그림 3-2〉 인공어초에 모여든 어류.

본능적 행동인 주촉성으로서 정위라 할 수 있으며, 놀랐을 때 모래나 펄 속에 들어가 있는 가자미와 넙치류를 상기하면 충분히 이해될 것이다.

2) 먹이장(이료 생물 생산의 장)

생물학적 기능으로서 어류의 서식에 중요한 의미를 갖는 것은 먹이장이라는 것이다. 자연초가 얕은 해역으로부터 깊은 해역에 이르기까지 부착 생물의 서식 기반이 되고 있는 것은 잘 알려져 있는 사실이다. 부착 생물은 해역의 해양학적 특성에 의해서 거의 한정되어 있지만 얕은 해역에 시설된 인공어초에는 해조류가 무성할 뿐만 아니라 갑각류, 선충류, 해면류, 히드라충류 등의 동물과 규조류 등도 부착한다. 또한 해조류가 서식하고 있지 않는 곳에서도 따개비류, 우렁쉥이류, 해면류 등이 착생하여 거기에 소형 갑각류와 다모류 등의 동물이 다수 서식하게 된다. 즉, 인공어초는 고착 혹은 부착 생물의 생활 기반 및 부착 생물의 군집을 증대시켜주는 역할을 하는 것임에 틀림없다.

또한, 인공어초에 착생된 생물은 많은 위집 어류의 먹이가 된다. 인공어초 어장에서 어획된 어류의 위(胃) 내용물의 조사, 잠수 관찰 등과 같은 각종 조사·연구 결과, 연안 조장 해역에 있어서 군집 내의 종에 의한 먹이 생물과 암초 해역의 조하대(潮下帶)에서의 먹이 연쇄 등이 규명되었다(小川, 1974; 宇都宮, 1957; 木元, 1987).

인공어초에서 어류의 섭이 행동을 살펴보면, 착생 생물에 대한 포식 행동에는 돌돔, 강담돔, 쥐치, 벵에돔 등과 같이 쪼아 먹는 것, 씹어 먹는 것 등이 있고, 볼락, 쏨뱅이, 쥐노래미 등과 같이 부착 기질로부터 떨어진 소형 동물을 포식하는 것도 있다. 인공어초의 먹이장의 기능으로서는 위집 종간에도 성립한다. 위집한 소형어를 대형어가 포식한다고 하는 관계로서 농어, 넙치, 곰치 등이 대표적인 포식자다. 이와 같은 관계는 부어류의 멸치와 소형 전갱이 등을 쫓아오는 고등어, 방어, 가다랭이 등의 포식 행동에서도 나타난다.

3) 산란장

인공어초의 생물학적 기능으로 기대하는 중요한 것 중의 하나는 산란장의 제공이다. 임연수어, 쥐노래미는 인공어초를 산란장으로 이용하고 있으며, 벤자리도 6~7월의 산란기에는 인공어초에 많이 위집되는데, 이 시기에 낚시에 의해 많이 어획되고 있다.

인공어초 어장에서 어획된 어류의 성숙도에 대한 조사 결과에 의하면, 해역에 따라 다소 차이는 있으나, 쥐노래미는 11~12월, 조피볼락과 가자미류는 4~5월, 방어는 6월경에 인공어초에 많이 분포하며, 이 시기가 산란기로 추정된다(小川, 1974; 柿元, 1968). 또한 쥐노래미와 같이 인공어초에 부착란을 낳는 어종도 있으며, 어류는 아니지만 화살오징어도 <그림 3-3>과 같이 인공어초에서 산란한다고 알려져 있다. 이들의 난(卵)은 부착 기질이 필요하기 때문에 난의 보호 측면에서 인공어초가 중요한 역할을 한다고 할 수 있다(小川, 1974). 그리고 자원 배양에 있어서 산란 친어(어미 물고기)가 안전한 산란장을 확보하는 것은 산란 친어에 대한 스트레스를 경감시켜 질이

〈그림 3-3〉 인공어초에 산란한 화살 오징어의 난.

좋은 난을 산란하여 수정률, 특히 부화율을 향상시키는 데 중요하다고 할 수 있다.

이상에서 인공어초의 기능을 살펴보았으나, 여기서는 단순히 인공어초에 대한 생물학적 기능만을 고려하였기 때문에 인공어초의 기능이 다소 과소평가되는 경향도 있을 것이다. 따라서 인공어초의 기능을 보다 명확히 평가하기 위해서는 금후 보다 많은 연구가 선행되어야 할 것으로 생각된다.

3. 인공어초에 어류가 모여드는 이유

인공어초에 어류가 모여드는 이유는 1차적으로는 어류가 가지고 있는 본능에 의한 것이지만, 2차적으로는 먹이 등의 요소가 가미되기 때문이라고 할 수 있다. 어류가 인공어초에 모여드는 이유로는 음영 효과설, 먹이 발생설, 와류 효과설, 도피 장소설 등을 들 수 있다(小川, 1978).

음영 효과란 대부분의 어류는 음영(그늘)을 좋아하며, 어두운 곳에 모인다는 것이다. 수조 실험 결과에 의하면, 날씨가 맑을 때보다 어두울 때 수조 내에 설치한 물체에 어류가 더 강하게 반응한다고 알려져 있다.

먹이 발생설은 인공어초를 수중에 설치하면 부착 생물이 착생하고 벤토스(저서 생물) 등이 증가하여 이들이 어류의 먹이가 되어 인공어초에 어류가 모인다는 것이다.

한편, 와류 효과설은 일정하게 흐르는 수중에 물체를 설치하면 그 하류 측에 와류가 생성되어 여기에 어류가 모여 든다는 것이다, 즉 인공어초에 의해서 발생하는 하류 측의 와류역에서는 어류들이 측선에 의해서 저주파의 압력 변동을 감지하여 여기에 어류가 반응하여 모인다는 것이다.

또한, 도피 장소설은 어류가 쫓길 때 본능적으로 숨는 성질이 있으며, 성어로부터 쫓기는 유·치어의 경우 인공어초 등에 도피한다는 것이다. 농어의 경우 인공어초는 먹이 장소의 제공뿐만 아니라 해적 생물로부터 몸을 피하거나 숨는 도피장의 역할도 한다고 알려져 있다.

그러나 음영 효과설의 경우, 볼락, 쏨뱅이, 쥐노래미, 참돔 등 어종에 따라 상대적으로 조도가 낮은 장소를 선택하는 것도 있지만, 보통의 경우 음영의 존재는 가까운 곳에 물체가 있기 때문에 형성되는 것으로 음영만으로는 어류가 모여든다고는 할 수 없다. 또한 먹이 발생설의 경우도 돌돔이나 말쥐치 등과 같이 직접적으로 인공어초에 부착된 부착 생물을 섭취하는 어종도 있으나, 수중에 시설한지 얼마 되지 않는 인공어초에서도 어류가 모여든다고 알려져 있기 때문에 부착 생물이 집어의 일차적 요인이라고는 할 수 없다.

한편, 와류 효과설의 경우에도 인공어초의 주변에서 발견되는 어류들은 그것에서 떨어진 해저에서 인공어초가 있는 곳으로 찾아드는 예는 어류의 행동학적으로 볼 때, 와류역 그 자체가 집어 효과를 갖는다고는 할 수 없다. 그리고 도피 장소설의 경우에도 어류가 해적 생물로부터 쫓길 때 취하는 행동은 자극 원으로부터 멀리 달아나는 행동을 취하는 것이 보통이다.

이상에서 살펴본 바와 같이 인공어초에 어류가 모여드는 이유에 대해서는 아직까지도 명확하지는 않지만, 1차적으로는 각 어류가 갖고 있는 종 특유의 주성과 본능에 의한다고 할 수 있다(大島, 1964). 주성(走性, taxis)이란 자극에 대한 방향성을 나타내는 행동 특성이며, 주광성(走光性), 주화성(走化性), 주지성(走地性), 주류성(走流性), 주촉성(走觸性), 주음성(走音性) 등이 있다. 본능은 내적 및 외적 조건에 의해서 습성적으로 나타내는 행동으로 색이, 번식, 도피 등의 성질이 있다. 그러나 어류가 수중의 물체에 기대는 행동은 본능에 기인한다 하더라도 그 행동을 유발하는 자극이 필요한 것이다. 이런 자극에는 시각 자극, 청각 자극, 흐름에 대한 자극 등이 있다. 실험적으로 자극량을 증가시키면, 그 물체에 강하게 반응한다고 알려져 있다.

참고문헌

Kim, C.G., 2001. Artificial reefs in Korea. Fisheries, 26(12), 15 - 18.

Quast J.C., 1968. Some physical aspects of the inshore environment particulary as it affects kelp - bed fishes. Utilization of kelp - bed resources in southern California. Fish Bulletin, 139, 25 - 33.

柿元 晧, 1968. 人工魚礁で漁獲した魚類の胃内容物について. 水産增殖, 16(1), 27 - 32.

柿元 晧, 1993. 人工魚礁による魚群行動制御. 水産工學, 30(1), 59 - 68.

木元 克則, 1987. 沿岸浅海域における動物プランクトンの群の形成と海底形状の関わり. 水産土木, 24(1), 31 - 36.

菊池 泰二, 1966. 富岡灣のアマモ場動物群集の生態學的研究. 天草臨海實驗所紀要, 1.

日本水産資源保護協會, 1976. 人工魚礁 理論 實際Ⅰ, pp. 9 - 19.

日本全國沿岸漁業振興開發協會, 1986. 沿岸漁場整備開發事業 人工魚礁漁場造成計劃指針. pp. 5 −7.

中村　充, 1991. 改訂水産土木學. 生態界海洋還境エンジニアリング. 工業時事通信社, 東京, pp. 411 −418.

小川 郎德, 1968. 人工魚礁と魚付き. 水産增殖臨時号, 7, pp. 3 −21.

小川 郎德, 1974. 人工魚礁の機能. 水産土木, 11(1), 5 −8.

小川 郎德, 1978. 人工魚礁論ノート(2). 日本東海水産研究所業績集, 20, 25 −28.

大島 泰雄, 1964. 人工魚礁. 水産增殖叢書, pp. 1 −55.

千田　哲資, 1962. 隱岐島近海の初夏の流れ藻とそれに伴う維稚魚の研究. 生理生態, 10(2), 68 −78.

千田　哲資, 1969. 藻場の造成. つくる漁業. 日本資源協會, pp. 255 −271.

千田　哲資, 1965. 流れ藻水産的效用. 水産研究叢書, 日本資源保護協會.

宇都宮　正, 1957. 魚礁に關する研究. 山口內海水産試驗場研究業績, 9(1), 41 −51.

山本護　太郎, 藤　猛夫, 1973. 水産動物生態學Ⅰ,Ⅱ. 生態學講座 15 · 16.

제4장 인공어초의 재료 및 구조

1. 인공어초의 재료

인공어초에서 사용되는 재료는 수중에 시설된 후 일정한 내구성을 가져야 하며, 경제성이 있어야 한다. 그리고 인공어초의 재료에 요구되는 특성은 구입이 용이하고 품질이 균일해야 하며, 제작 등 시공이 간편해야 한다. 일반적으로 인공어초에 사용되는 재료는 크게 콘크리트, 철재, 섬유 강화 플라스틱(FRP) 등의 산업 재료와 철강 제련 시 생산되는 찌꺼기인 슬래그(slag), 석탄재(fly ash) 등 산업 부산물로 나눌 수 있다.

이들 재료 중 콘크리트는 인공어초 재질로서 가장 널리 사용되고 있다. 콘크리트는 재료 구입이 쉽고 제작 단가가 저렴하다는 장점이 있으나, 무게가 무겁고 높은 구조의 인공어초 제작 시 고도의 기술이 요구될 뿐만 아니라 수심이 깊은 곳에는 경제성이 다소 떨어지는 단점이 있다. 한편 강재의 경우 대형 구조물의 제작이 용이하고 가공성에 대한 자유도가 높으나, 연안역에 시설할 경우 부식 방지 등을 위한 대책이 필요하고 제작 단가가 높은 것이 단점이다.

그러나 인공어초의 본래 목적은 대상으로 하는 생물을 위집(蝟集) 또는 보호 배양에 있기 때문에 각 재료의 특성상 다소 단점을 갖고 있다 할지라도 대상 생물과 해역의 특성에 따라 인공어초의 사용 재료를 적절하게 선택하는 것이 바람직하다. 대상 생물과 관련해서는 접촉 자극이나 시각 자극에 강하게 반응하는 어류를 대상으로 할 경우 콘크리트 재료를, 음파 자극이나 유체 자극에 강하게 반응하는 어류에 대해서는 강재를 사용하는 것이 바람직하다.

해역에 따른 인공어초 재료의 경우, 수심이 50m 이상인 해역에서는 인공어초 단지의 중앙 부분에는 높이가 큰 구조를 갖는 강제 어초를 설치하고 그 주변에는 콘크리트 어초를 조합하여 시설하는 것이 효과적일 것이다. 한편, 수심이 50m 이하인 해역에서는 콘크리트 어초가 내구성면에서 우수하기 때문에 그것을 단독으로 시설하는 것이 바람직하나, 부착 생물의 부착 기질로 이용할 경우에는 콘크리트나 강제 어초 모두 사용이 가능하다고 생각된다. 김 등(2001)은 인공어초에 많이 사용되고 있는 콘크리트, 강재 및 PVC 3종류의 재료에 대하여 수심이 약 15m인 해역에서 부착 생물의 부착량과 종 조성을 조사하였다. 그 결과에 의하면, 부착 생물의 양은 <그림 4-1>에서와 같이 콘크리트에서 가장 많았으며, 부착 생물의 수는 <그림 4-2>와 같이 콘크리트와 강재에서 큰 차이가 나타나지 않았으므로 이들이 인공어초의 재료로서 적당하다는 것을 알 수 있다.

일반적으로 인공어초 재료로서의 유효성은 강체의 경우 재료에 의한 차이는 없다고 생각되기 때문에 인공어초의 내구성과 시설 후 해양 오염에 영향을 미치지 않는다면 인공어초용 재료의 제약성은 크지 않다고 할 수 있다. 그러나 내구성이 큰 재료로 제작된 인공어초라고 할지라도 자연 상태에서 뿐만

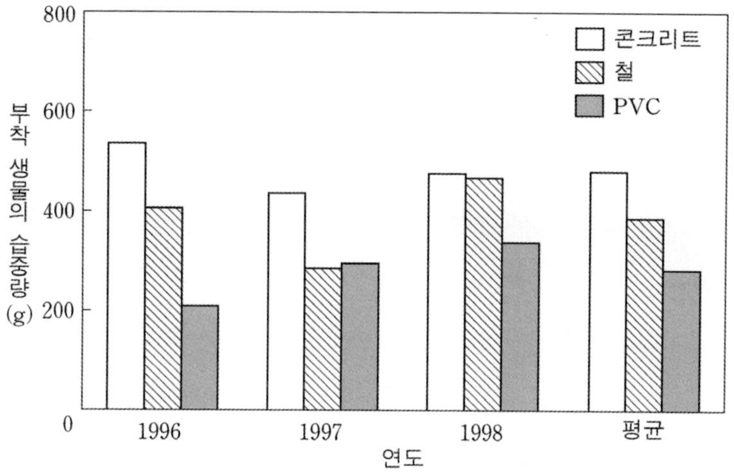

〈그림 4-1〉 재질별 부착 생물의 부착량(김 등, 2001).

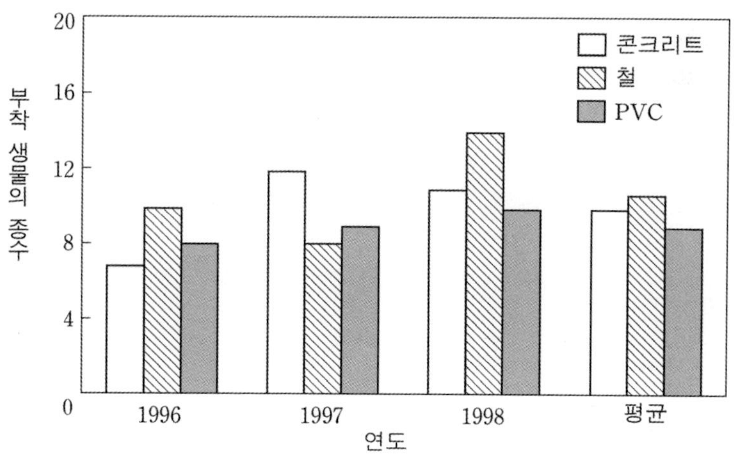

〈그림 4-2〉 재질별 부착 생물의 부착 종수(김 등, 2001).

아니라 어로 작업 등에 의해서도 파손되는 경우가 있기 때문에 시설 후 파손되더라도 해양 오염을 발생시킬 우려가 없는 재료를 사용해야 한다. 결과적으로 콘크리트와 같이 어떤 경우에 있어서 모래나 자갈로 환원되는 것, 강재 등과 같이 최후에는 이온으로 되어서 소실되는 것 등이 인공어초의 재료로서 무난하다고 할 수 있다(Kim, 2001).

2. 인공어초 재료의 안전성

인공어초 재료의 안전성은 사용된 재료가 환경적으로 유해물질을 용출시키지 않아야 하고, 일정 기간 이상 인공어초의 기능을 발휘해야 한다는 것을 의미한다. 여기서는 현재 인공어초 재료로 가장 많이 사용되고 있는 콘크리트가 어류 등 수산 생물의 환경에 미치는 영향에 대해 기술한다.

1) 콘크리트에 사용되는 재료 및 그것의 화학적 성분

콘크리트에 사용되는 주요 재료는 시멘트, 물 및 골재이다. 여기서 환경과 관련하여 표면적이 큰 시멘트에 국한시켜 보면, 시멘트 제조에 사용되는 재료로는 석회석, 점토, 규석, 산

〈표 4-1〉 포틀랜드 시멘트의 화학적 조성

성분	SiO_2	Al_2O_3	Fe_2O_3	CaO	MgO	SO_3	Na_2O	K_2O	강열감량	합계
조성 비율 (%)	23.1	5.0	3.0	63.8	1.6	2.0	0.4	0.5	0.6	100

화철 원료, 석고 등이며, 포틀랜드 시멘트의 화학적 조성은 <표 4 - 1>과 같다.

시멘트는 물과 반응하여 $3CaO \cdot SiO_2 \cdot nH_2O$($C_3S$; 에이라이트), $2CaO \cdot SiO_2 \cdot nH_2O$($C_2S$; 비라이트), $3CaO \cdot Al_2O_3 \cdot nH_2O$($C_3A$; 알루미네이트), $3CaO \cdot Al_2O_3 \cdot Fe_2O_3 \cdot nH_2O$($C_4AF$; 훼라이트) 등의 주요 수화물을 생성한다. 따라서 이들 성분은 노출 환경에 따라 다르지만, 콘크리트로부터 외부로 용출 · 용탈(溶脫)되어지는 화학적 성분의 주요 요인이 된다.

2) 콘크리트가 환경에 미치는 영향

콘크리트는 앞에서 살펴본 것과 같이 상당한 양의 유기물과 무기물을 함유하고 있는 재료이다. 콘크리트가 사용되는 동안 외부 환경으로 그것의 화학 성분이 용출 · 용탈되는 것은 주로 카드뮴(Cd), 납(Pb), 크롬(Cr), 비소(As), 수은(Hg) 등의 유해 물질과 $Ca(OH)_2$ 등의 알칼리류를 들 수 있다.

콘크리트 자체는 다공체이며, 난용 성분과 수용성 성분을 함께 포함하고 있다. 따라서 가스, 물, 각종 이온 등이 콘크리트 내부로 침투해 들어가며, 어떤 성분들은 반대로 외부로 방출된다. 이와 같은 현상은 진행 속도가 아주 느리기 때문에 중요시 되고 있지 않다. 그러나 어떤 외부 조건에 있어서 콘크리트의 화학 성분이 밖으로 방출되는 속도가 촉진될 수 있는 가능성도 있기 때문에 시멘트 페이스트로부터 유해 성분이 방출될 가능성이 있다. 콘크리트에서 용출되는 유해 물질이 환경에 방출될 때 가장 문제가 되는 유해 물질의 경우 수산생물 환경에 유해하고 독성이 강한 물질일 것이다. 결합재(시

〈표 4－2〉 배수(排水) 기준에 의한 무기 유해 물질(古澤, 1998)

유해 물질의 종류	카드뮴(Cd) 및 화합물	납(Pb) 및 화합물	크롬(Cr) 화합물	비소(As) 및 화합물	수은(Hg) 및 알킬수은
허용 한도* (ppm)	0.1	0.1	0.5	0.1	0.005

*이 자료는 일본 수질오탁방지법에 의한 배수(排水) 기준임.

멘트 등)가 함유할 가능성이 있는 물질을 살펴보면 <표 4－2>와 같다.

시멘트와 같은 결합재에 있어서 유해 물질 함유량의 기준값은 없는 실정이며, 또한 조사 사례도 많지 않다. 이들 물질은 지구상의 광물에 함유될 가능성이 있기 때문에 존재하는 과정에서 어느 한편으로 기울어져 농도가 일정 한도를 넘게 되면, 생태계에 악영향을 미치게 된다. 콘크리트용 결합재는 점토 광물을 원료로 하고 있는 이상, 어쩔 수 없이 이들 물질을 함유할 가능성도 있다고 생각되지만, 제조 과정에서 유해 물질만이 선택적으로 재료 및 제품에 농축되는 일은 생각할 수 없다. 지금까지의 연구 결과에 의하면, 시멘트 크린커(지름 1cm 정도의 구형 덩어리)나 혼합 시멘트 등에 사용되는 슬래그와 석탄재 중에는 PPb(10^{-9})정도도 검출되지 않는다고 보고되어 있다. 용출·용탈 과정에서 이런 유해 물질이 콘크리트의 외부에 방출될 가능성은 있지만, 문제가 되는 것은 그것의 농도이다. 콘크리트에서 방출되는 유해 물질 함유량의 경우, 콘크리트가 접촉 및 투과하는 물속에서 유해 물질이 농축되어 <표 4－2>에 나타나 있는 기준 이상의 농도가 되는 일은 결코 생각할 수 없다. 오히려 이들 유해 물질의 대부분이 시멘트의 수화 생성물 내에 화학적으로 고정되어 불용성화 된다는 보고가 있다(Mehta and Monteiro, 1993).

(1) 시멘트 등의 결합재에 의한 알칼리 용출의 해(害)

콘크리트의 경화체는 시멘트계의 물질에 의해 발휘되며, 경화체가 용출·용탈되어지면 외부 환경으로 $Ca(OH)_2$ 등과 같은 알칼리가 방출된다. 생물 환경으로서 쾌적한 것은 중성 부근에 많이 위치해 있으므로, 알칼리의 용출은 넓은 의미에서 환경 부화(負荷) 요인의 하나이다. pH는 알칼리 강도이며, 알칼리도는 알칼리의 총량을 의미한다. 콘크리트의 알칼리도를 결정하는 요인으로서 먼저 생각할 수 있는 것은 콘크리트 내의 알칼리 농도를 희석 또는 높게 해 주는 단위 결합 재량에 따라 크게 달라진다는 점이다. 또한 결합재로 사용하고 있는 슬래그나 석탄재 등에 의해서도 영향을 받는다는 것이다. 예를 들면, 슬래그 시멘트 원료로 인공어초 등에 사용되는 슬래그는 수화 반응(시멘트 풀 생성 반응)이 시작되면, 스스로 잠재적 수경성(슬래그가 적당량의 물과 반응하여 시멘트 풀을 갖게 되는 현상)을 발휘하여 반응이 계속되는 동안, 이 과정에서 알칼리가 존재하면 반응이 촉진된다. 또한 석탄재의 경우 반응 개시 및 진행 과정 중에 알칼리를 소비하기 때문에 알칼리도가 낮은 구조체를 형성한다. 따라서 실제 시멘트 내에는 알칼리량이 다소 높다할지라도 어떤 혼합 시멘트를 사용하느냐에 따라서도 다르기 때문에 실제로는 콘크리트 내의 알칼리량은 높지 않다.

그러면 생물에게 영향을 줄 수 있는 알칼리량은 어느 정도나 될까? 연구 결과에 의하면, 콘크리트로부터 용출되는 알칼리 성분이 pH 8.6을 넘으면 식물의 뿌리에 손상을 준다고 알려져 있다(佐伯, 板倉, 1996). 콘크리트에서의 알칼리 용출은 폐쇄된 장소 등 측정 장소에 따라 다르지만, 정상적인 유동 환경에서는 허용 한계 값(pH 8.6)을 넘지 않는다고 보고되어 있다. 또한 현장의 실례로서는 해저 공사에 주로 사용되고 있는 수중 분리성 콘크리트의 타설에 의해 우려되는 생물의 피해 및 수질 오탁의 해 등에 대해서도 크게 문제가 되지 않는 것으로 알려져 있다.

(2) 알칼리의 용출에 의한 콘크리트 구조물의 해

지금까지는 콘크리트가 외부 환경에 미치는 영향에 대해 알아보았다. 콘크리트는 제조 과정에서 많은 화학적 유기 및 무기물을 함유하고 있으나, 실제로 바다의 생물 환경에는 나쁜 영향을 거의 미치지 않고 있다는 것을 알 수 있다. 그러나 여전히 콘크리트에 대한 환경 피해 의식은 풀리지 않을지 모른다. 왜냐하면 콘크리트 구조물의 설계 단계에서 환경 악화에 대한 세심한 주위를 기울인다 하더라도 시공 단계에서 준수 사항을 제대로 지키지 않으면 어떤 결과를 초래할지 모르기 때문이다. 이와 같은 문제는 콘크리트의 내적 요소(내구성)와 관련하여 생각하면 쉽게 이해될 것이다.

콘크리트의 기능이 저하되는 직접적 원인(역학적 원인은 제외)은 $Ca(OH)_2$의 용출과 함께 시작된다고 할 수 있다. 왜냐하면 $Ca(OH)_2$는 콘크리트에서 pH를 높게 유지(pH 12 이상)시켜 주는 역할을 하기 때문이다. 그러나 콘크리트로부터 $Ca(OH)_2$가 용출되면 콘크리트 내의 pH가 낮아지게 되어 철근의 부식이나 기타 열화 요인을 유발하여 콘크리트 구조물이 심하게 손상된다. 따라서 콘크리트의 설계자 및 시공자들은 오히려 콘크리트 내의 $Ca(OH)_2$가 용출되지 않도록 대책을 강구하기 때문에 콘크리트로부터 용출되는 알칼리량은 상대적으로 적어질 수밖에 없다.

이상에서 알 수 있는 바와 같이 해양에서 콘크리트의 유해 성분 용출량은 거의 무시할 정도이며, 알칼리량도 환경에 따라 차이는 있지만, 수산 생물에 거의 영향을 미치지 않는 것으로 보고되어 있다(中原, 1998).

3. 인공어초의 구조

1) 패・조류 및 어류 보육 기능을 갖는 인공어초의 구조

조장 조성 및 유・치자어용 인공어초는 해역에 따라 차이는 있으나, 주로 수심이 20m보다 얕은 수역에 시설되는 것을 말하며, 대상 생물의 목적에 따라서 패・조류용 어초와 어류의 유・치자어 보육용 어초로 나누어진다.

수심이 20m보다 얕은 수역에 인공어초를 시설하게 되면, 크고 작은 해조류가 그것에 착생하게 되고 기간이 경과함에 따라 해조류 숲(藻場)이 조성되어 많은 어류들이 모여 들게 된다. 해조류 숲은 잘피류, 모자반류, 대황, 감태 등 비교적 대형 해조류로 이루어지며, 인공어초의 표면에는 전복, 소라, 성게 등이 서식하게 된다. 대부분의 어류는 치어 단계에 해조류

숲이나 뜬말(流藻)과 밀접한 관계를 갖는다. 해조류 숲은 잘피류, 모자반류, 대황, 감태 등 비교적 대형 해조류로 이루어진다. 해역과 계절에 따라 모여든 어종에는 약간의 차이는 있지만, 해조류 숲과 뜬말은 유·치자어의 보육장이며, 서식장이라고 할 수 있다. 연안 수역에는 좋은 해조류의 서식 환경을 구비하고 있으면서도 수심이 깊어 해조류의 착생 및 성장이 저조한 곳이 있다. 이런 곳에 일정 크기 이상의 인공어초를 시설하게 되면, 해조류의 착생 기반이 상대적으로 넓게 되고, 조도가 높게 되어 해조류의 착생과 성장을 촉진시킬 수 있다. 또한 전복, 소라 등을 비롯한 각종 유용 수산 생물들이 서식할 수 있는 공간은 많으나, 먹이 생물이 적어 성장 및 번식이 저조한 수역에 인공어초를 설치함으로써 해조류 등 먹이 생물의 양이 증가되어 결과적으로는 패류의 생산량도 많아지게 된다.

따라서 유·치자어 보육용 어초 구조의 경우 크고 작은 공간과 해조류가 부착 서식할 수 있는 구조 형태 등 먹이 공급 기능을 제공할 수 있는 구조와 해조류의 서식 공간 이외에 크고 작은 틈을 갖는 은신처 공급 기능이 필요하다.

2) 어류용 인공어초의 구조

어류용 인공어초의 구조는 테 구조와 면 구조로 나눌 수 있다(Kim, 2001). 테 구조는 <그림 4-3>의 콘크리트 사각형 어초 등과 같이 부재가 테로 구성된 것으로 전체 용적 대비 공간 용적의 비율, 즉 공극률이 80% 이상의 것을 나타낸다. 면 구조는 <그림 4-4>의 반구형 어초 등과 같이 공극률이 80% 이하의 것을 말한다. 인공어초의 공극률 개념은 어류 위집 구조 등의 생물학적 기능과 재료의 절감, 시공의 용이성 등 공학적·경제적 측면에서 결정되고 있다. 그러나 공극률에 대한 설계 규정이 아직까지 정비되어 있지 않기 때문에 대부분의 인공어초 설계자는 공극률이 큰 테 구조를 선호하고 있는 실정이다.

인공어초의 구조는 대상 생물의 행동 특성에 적합한 기능을 가져야 한다. 인공어초에 반응하는 어류의 행동과 위치의

사각형 어초

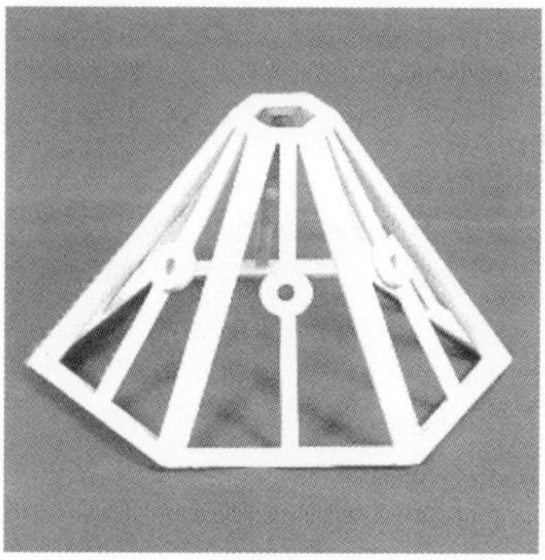

육각형 어초

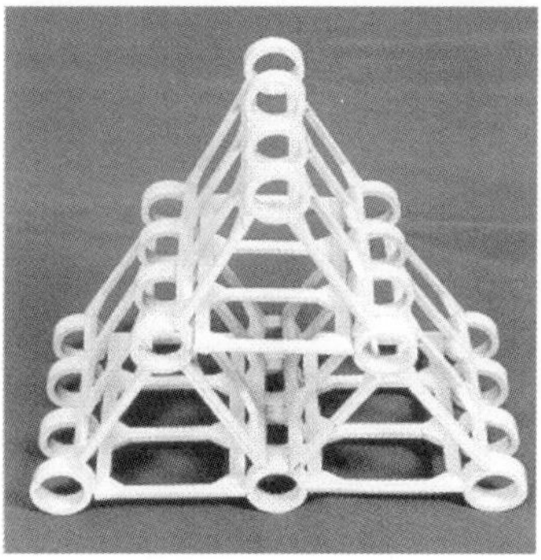

잠보형 어초

다기능 고층 어초

〈그림 4-3〉 테 구조의 인공어초 예.

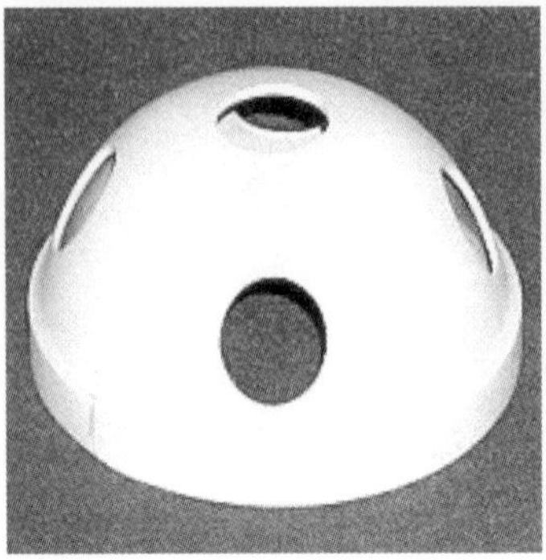

반구형 어초

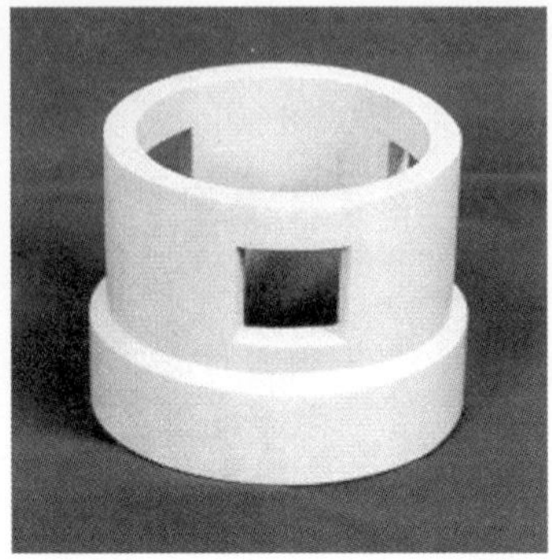

원통형 어초

육교형 어초

상자형 어초

〈그림 4-4〉 면 구조의 인공어초 예.

관계는 발육 단계에 따라 차이가 있다. 앞에서 언급한 바와 같이 인공어초에 대한 어류의 반응 형태를 3형(Ⅰ, Ⅱ 및 Ⅲ형)으로 분류하여 각 형에 해당하는 어류와 인공어초의 구조를 살펴보면, Ⅰ형에 해당하는 어류을 대상으로 하는 인공어초는 어체의 크기에 적합한 간격을 갖고 해수가 원활하게 유통될 수 있는 구조이어야 한다. 그리고 Ⅱ형에 해당하는 어류는 인공어초를 시계(視界) 내에 두고 그것의 주변을 유영하는 습성을 갖고 있기 때문에 계속적으로 인공어초의 부재(部材)를 선명하게 시계에 두도록 하기 위해서는 그것의 부재 간격을 2m 이하로 하는 것이 바람직하다. 한편 Ⅲ형 어류를 대상으로 하는 인공어초의 구조는 표·중층까지 어초 환경을 파급시킬 수 있는 구조가 바람직하다(日本全國沿岸漁業振興開發協會, 1986).

참고문헌

Kim, C.G., 2001. Artificial reefs in Korea. Fisheries, 26(12), 15－18.

Mehta, P.K. and P.J.M. Monteiro, 1993. Concrete structure, properties, and materials. Prentice Hall, Englewood Cliffs, New Jersey, pp. 1－77.

古澤 靖彦, 1998. 科学特性の観点からの環境への負荷. コンクリート工学, 36(3), 22－23.

中原 康, 1998. 環境改善へのコンクリート技術の貢献. セメント・コンクリート, pp. 6131－6134.

日本全國沿岸漁業振興開發協會, 1986. 沿岸漁場整備開發事業 人工魚礁漁場造成計劃指針. pp. 5－7.

佐伯 昇, 坂倉 忠興, 1996. 水邊の生態界を保護する新しい護岸工法. セメント・コンクリート, 590, pp. 18－24.

김창길, 김호상, 김태호, 이정우, 김두남, 정의철, 2001. 인공어초 재질로서 강재 및 염화비닐의 부착 생물상과 내구성. 국립수산진흥원 연구보고. 59, 54－60.

제5장 침설 어초 설계

1. 침설 어초의 구조 설계 및 설계 외력

1) 침설 어초의 구조 설계

침설 어초를 설계할 때에는 제작 단계부터 해당 해역에 그것을 설치할 때까지는 물론, 설치 후 유체력에 대한 안정이나 세굴, 매몰, 재료의 열화(劣化) 등에 대한 대책을 고려해야 한다. 일반적으로 침설 어초의 구조 설계 시 고려할 사항은 다음과 같다(日本全國沿岸漁業振興開發協會, 1992).

1 어초의 시공 또는 설치 후 모든 외력에 대하여 부재 응력이 재료의 허용 강도 내에 있어야 한다. 그리고 어초가 해저에 착지할 때 충격력과 같은 일시적인 외력에 대해서는 허용 강도를 크게 정하는 것이 좋다.

2 파와 흐름에 대해 어초가 안정되어야 한다.

3 세굴 및 매몰에 의해 어초의 기능이 잃지 않도록 해야 한다.

4 강재와 같이 마모 또는 부식이 예상되는 재질에 대해서

는 이 점을 고려해야 한다.

5 특수한 재질을 사용하는 경우에는 재질의 특성을 고려하여 설계해야 한다.

2) 침설 어초의 설계 외력

침설 어초의 설계 시 고려해야 할 외력은 중력, 충격력, 유체력, 지반 반력과 제작, 운반, 설치 및 설치 후에 발생하는 모든 응력이다.

1 중력은 재료의 단위 체적 질량으로 작용하고, 단위 체적 중량, 전 중량 및 부재 단위 하중의 형태로 나타난다.

전 중량 $W=\sigma_G \cdot V$ (5.1)

부재의 단위 길이당 하중 $q=\sigma_G \cdot a$ (5.2)

여기서, V는 인공어초의 실용적, σ_G는 단위 체적 중량이고, a는 인공어초 부재의 단면적이다.

2 충격력은 충돌 시 가속도에 의한 힘이 정환산 중량(靜換算 重量) $\hat{\sigma}_G$의 형태로 주어지고, 부재의 단위 체적 중량은 정하중 형태인 $\hat{\sigma}_G(=k\sigma_G)$로 나타낼 수 있다.

3 유체력은 파와 흐름에 의한 힘으로 한다.

4 지반 반력은 바위, 모래, 자갈, 흙, 연니 등에 따라 달라지는 토양(저질)의 역학적 특성을 고려하여 이용한다. 이 역학적 특성에는 지지력, 전단 강도, 압밀, 탄성 계수, 응력 집중 계수, 지반 계수 등이 포함된다.

3) 침설 어초 설치 시의 충격 하중

침설 어초가 해저에 착저될 때 전달되는 충격력은 착저 시 관성력이 중력의 k배가 되므로 정환산 중량 $\hat{\sigma}_G = k\sigma_G$ 로서 구한다.

(1) 해저 지반에 직접 착저하는 경우의 충격 하중 $\hat{\sigma}_G$

지반 반력 R 은 인공어초가 해저에 착저 시 지반 변위가 최대로 될 때 변위량을 ϵ 이라고 하면, $R = K\epsilon^2$ 으로 나타낼 수 있고 다음 식으로 구한다.

$$\left.\begin{aligned} \hat{\sigma}_G &= \frac{R}{V} = \frac{K}{V}\epsilon^2 \\ \hat{\sigma}_G/\sigma_G &= K \end{aligned}\right\} \tag{5.3}$$

단위 중량이 다른 복합 부재로 제작된 인공어초의 경우에는 각각 단위 체적 중량 σ_G 를 k배해서 착저 시 충격 하중으로 한다. σ_G 는 철근 콘크리트의 경우 통상 2.4~2.45tf/m^{3}이다. ϵ 은

$$\left.\begin{aligned} L\epsilon^3 - M\epsilon - N = 0 \\ L = \frac{gK}{3w_0 V},\ M = \left(\frac{\sigma_G}{w_0} - 1\right) - \frac{C_D A}{4V}v^2 \\ N = \left(\frac{\sigma_G}{w_0} + C_M\right)\frac{v^2}{2} \end{aligned}\right\} \tag{5.4}$$

의 해가 되고, 근사법을 이용해서 ϵ 의 제 n 근사를 ϵ_n 으로 하고

$$\left.\begin{aligned}\epsilon_1 &= \sqrt[3]{\frac{N}{L}} \\ \epsilon_{n+1} &= \epsilon_n - \frac{L\epsilon_{n^3} - M\epsilon_n - N}{3L\epsilon_{n^2} - M}\end{aligned}\right\} \tag{5.5}$$

필요한 정도의 ϵ 에 대한 근사치를 구해 (5.5)식으로부터 $\hat{\sigma}_G$ 와 K 를 구한다.

w_0와 σ_G는 해수와 인공어초 재료의 단위 체적 중량, v는 해저까지의 착지 속도, C_D와 C_M은 각각 항력 계수와 부가 질량 계수, A는 흐름에 대한 인공어초의 전 투영 면적, K는 해저의 지반 반력 계수로서 모래와 자갈의 경우 지반의 굳기에 관계되며 K는 3,000～5,000tf/m^{2}이다.

(2) 침설 어초 위에 어초를 설치하는 경우의 충격 하중 $\hat{\sigma}_G$

침설 어초 위에 어초를 설치하는 경우 그것의 착저 시 지반 반력 $R = K\epsilon$ 으로 계산한다. 지반 반력 계수 K_1 위에 반력 계수(스프링 상수) K_2, K_3 …… 의 인공어초가 상적된 경우에는 지반 반력 계수가 다음 식으로 주어지고, 합성 반력 계수 K_L은 (5.7)식으로 구한다. 이 때 설치 중 인공어초의 스프링 상수 K_0 (600tf/m)도 더해 준다.

$$K_1 = K \cdot \epsilon \tag{5.6}$$

$$K_L = \frac{1}{\dfrac{1}{K_0} + \dfrac{1}{K_1} + \dfrac{1}{K_2} + \cdots\cdots} \tag{5.7}$$

이고,

$\hat{\sigma}_G$는 (5.8)식으로 구한다.

$$\left.\begin{aligned} \hat{\sigma}_G &= L + \sqrt{L^2 + M} \\ L &= (\sigma_G - w_0) - \frac{C_D A w_0 v^2}{4gV} \\ M &= \frac{K_L v^2}{gV}(\sigma + C_M \cdot w_0) \end{aligned}\right\} \qquad (5.8)$$

(3) 해수 중에서 침설 어초의 낙하 속도

침설 어초와 같은 낙하 물체는 수중 중력에 의하여 그것의 낙하 속도가 증가하게 되지만, 이에 따라 물의 항력도 증가하여 결국에는 일정한 속도가 된다. 따라서 이것을 종단 속도(terminal velocity)라고 한다. 이 때, 침설 어초의 해저 착지 속도 v는 다음 식에 의하여 구할 수 있다.

$$v_c = \sqrt{\frac{2gV}{C_D A}\{\frac{\sigma_G}{w_0} - 1\}} \qquad (5.9)$$

$$v = v_c\left[1 - \exp\left\{-\frac{2gh(\sigma_G/w_0 - 1)}{\sigma_G/w_0 + C_M)v_{c^2}}\right\}\right]^{1/2} \qquad (5.10)$$

수심이 10m 이상인 경우에는 (5.9)식을 착지 속도 v로 해도 좋다. (5.10)식에서 v_c는 종단 속도, h는 수심, A는 침설 어초의 낙하 시 수평면으로의 전 투영 면적(각 부재마다의 총합), C_D와 C_M은 각각 항력 계수와 부가 질량 계수로서 <표 5-1>과 같으며, $\exp(x)$는 e^x이다. 그리고 윈치 · 크레인 등으로 침설 어초를 설치하는 경우 착저 시 충격력 계산에 이용되는 착지 속도는 일반적으로 1.0m/s이며, 어초 위에 그것을 상적하는 경우에는 원칙적으로 크레인을 사용한다.

〈표 5-1〉 대표적인 부재의 항력 계수 C_D와 부가 질량 계수 C_M

부재 명칭	부재의 형상	함력 계수 C_D	부가 질량 계수 C_M	기준 면적	기준 체적
원주	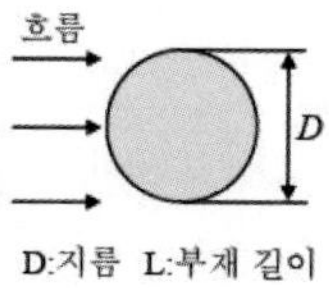	0.64(L/D=1) 0.68(L/D=2) 0.74(L/D=5) 0.78(L/D=10) 0.92(L/D=20) 0.98(L/D=40) 1.00(L/D=∞)	2.00L/D=∞)	DL	$\frac{\pi D^2 L}{4}$
청각주	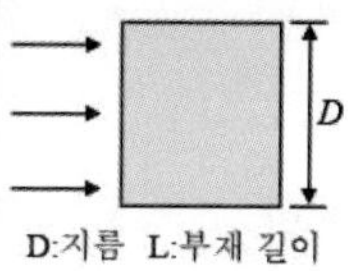	2.05(L/D=∞)	2.19(L/D=∞)	DL	D^2L
평판	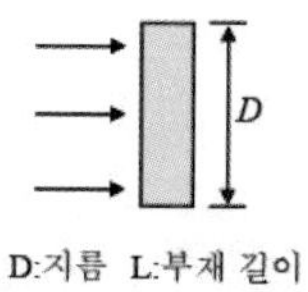	1.12(L/D=1) 1.16(L/D=2) 1.19(L/D=4) 1.22(L/D=5) 1.26(L/D=10) 1.40(L/D=18) 1.50(L/D=20) 2.01(L/D=∞)	0.61(L/D=1) 0.86(L/D=2) 1.0(L/D=∞)	DL	$\frac{\pi D^2 L}{4}$
입방체	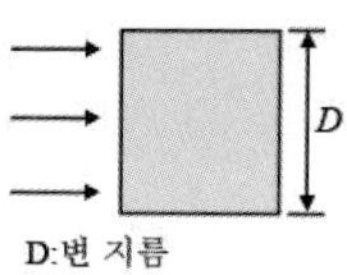	1.05	1.67	D^2	D^2
구	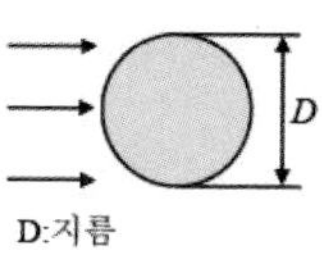	0.5	1.5	$\frac{\pi D^2}{4}$	$\frac{\pi D^2}{4}$

4) 침설 어초에 작용하는 유체력

침설 어초에 작용하는 유체력은 파 및 흐름에 의한 항력과 질량력이다.

(1) 설계파

어초를 설치한 후 그것의 안정성과 구조 계산에 이용되는 파의 제원은 신뢰할만한 실측 자료 또는 계산에 근거를 둔 파랑 데이터를 이용해서 결정한다.

1 설치 예정 해역에 대한 파랑의 실측치가 있는 경우에는 그 실측치를 이용하여 설계파의 제원을 추정한다.

2 설치 예정 해역에서 실시되었던 항만·어항 등의 사업이 있는 경우에는 그 설계파를 준용한다.

3 지형 등의 관계로 위 1 및 2에 의한 방법이 부적당한 경우에는 기상 자료(풍향, 풍속 및 취송 시간)와 지형을 이용해서 설계파를 해석한 후 해당 해역의 파로 추산한다.

4 설계파의 제원이 결정되면 이 파가 사업 실시 해역에 도달할 때까지의 굴절, 회절, 천수 변형 등에 의한 파의 변형(파향 및 파고의 변화)을 계산해서 가장 혹독한 조건의 파를 설계파로 한다.

5 설계파는 유의파를 이용한다.

(2) 파력의 계산

침설 어초의 설치 수심 h가 $1/2L$(L은 파장)보다 깊은 경우, 파력은 고려하지 않아도 된다.

① 비쇄파 영역

비쇄파 영역에 설치된 어초에 작용하는 최대 파력 F는 (5.11)식의 파에 의한 수립자의 수평 유속 u와 u_m을 이용하여 (5.12)의 항력 F_D와 질량력 F_M으로 나눌 수 있다.

$$\left.\begin{aligned} u &= u_m \sin\theta \\ u_m &= \pi \frac{H}{T} \frac{\cosh 2\pi D/L}{\sinh 2\pi h/L} \end{aligned}\right\} \tag{5.11}$$

$$\left.\begin{aligned} F_D &= C_D A \frac{w_0}{2g} u_m^2 \\ F_M &= C_M V \frac{w_0}{g} \frac{2\pi}{T} u_m \end{aligned}\right\} \tag{5.12}$$

$$\begin{aligned} &2F_D < F_M \text{ 일 때 } F = F_M \\ &2F_D > F_M \text{ 일 때 } F = F_D + \frac{F_M^2}{4F_D} \end{aligned} \tag{5.13}$$

여기서 C_D와 C_M은 각각 항력 계수와 부가 질량 계수, A는 파의 진행 방향에 수직인 연직면의 투영 면적(각 부재마다의 총합), w_0는 해수의 단위 체적 중량, h는 수심, D는 침설 어초의 높이이다. 그리고 H, L 및 T는 각각 그 위치에서의 파고, 파장 및 파의 주기이다.

② 쇄파 영역

쇄파 영역 내에 설치된 어초에 작용하는 전 파력은 쇄파 영역 내의 저층 유속을 이용해서 다음과 같이 구한다.

$$F = C_D A u_0 \frac{u_z^2}{2g} \tag{5.14}$$

여기서, u_z는 침설 어초 상단의 유속이다.

(3) 흐름과 파가 혼재하는 경우

흐름과 파가 혼재하는 경우에는

$$F = F_D(\sin\theta \div u_z/u_m)^2 - F_M\cos\theta \tag{5.15}$$

에서 F를 최대로 하는 위상 θ를 구해 (5.17)식에 대입하여 계산한다.

$F_M/(2F_D) = \beta, \sin\theta = S, \cos\theta = C$로 놓고, (5.17)식의 최대치를 구하면

$$S^4 + 2\alpha S^3 + (\alpha^2 + \beta^2 - 1)S^2 - 2\alpha S - \alpha^2 = 0 \tag{5.16}$$

의 실근으로

$$\left.\begin{array}{r} C_i(S_i + \alpha) + \beta S_i = 0 \\ 1 - 2S_i^2 - \alpha S_i + \beta C_i < 0 \end{array}\right\} \tag{5.17}$$

을 만족하는 S와 C를 구한다. 이때 $S = \sin\theta$와 $C = \cos\theta$를 (5.15)식에 대입해서 최대 작용력 F를 계산한다.

또한 (5.16)식은 4차 방정식으로서 해석법 또는 뉴톤(Newton)법에 의한 점근해법을 이용해서 구해진다. 뉴톤법에 의한 경우에는 제 1근사로서 $S_1 = 1$ 및 $S_1 = 0$의 2가지 경우에 대해서

$$S_{n+1} = S_n - \frac{S_n^4 + 2\alpha S_n^3 + (\alpha^2 + \beta^2 - 1)S_n^2 - 2\alpha S_n^2 - \alpha^2}{4S_n^3 + 6\alpha S_n^2 + 2(\alpha^2 + \beta^2 - 1)S_n - 2\alpha} \tag{5.18}$$

를 구해 $S_{n+1} \fallingdotseq S_n$으로 되는 수렴값을 이용해서 (5.17)식을 만족시키는 수렴값을 구한다. 또한, $S^2 + C^2 = 1$인 점에 주의

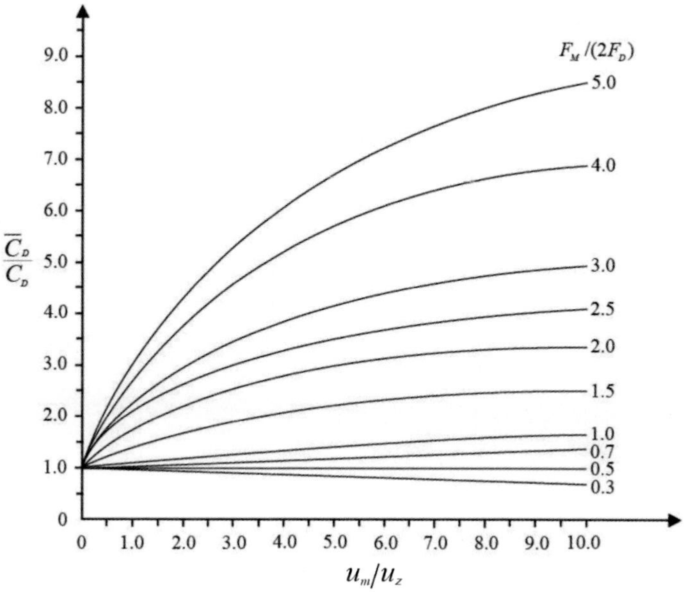

〈그림 5-1〉 파와 흐름이 공존하는 경우의 $\overline{C_D}$ 값.

하며, 위와 같은 F의 최대값을 항력만의 값이라고 생각한 계산 항력 계수 $\overline{C_D}$는 <그림 5-1>과 같다. 이것을 이용하면

$$F = \overline{C_D} A \frac{w_0}{2g} (u_z + u_m)^2 \tag{5.19}$$

로 구하는 것이 가능하다.

2. 부재의 강도

앞에서 기술한 설계 외력을 이용해서 침설 어초를 구성하는 부재에 발생하는 굽힘 모멘트, 축력 및 전단 응력을 계산

하고, 이것으로부터 발생하는 단면 응력이 재료의 허용 강도 이하가 되도록 해야 한다. 굽힘 모멘트, 축력 및 전단 응력은 각 어초의 구조 마다 계산해야 하며, 모퉁이 등 응력 집중이 일어나는 곳에는 덧붙임 판으로 보강해야 한다.

부재의 응력은 각 어초마다 계산해야 하지만 각형(角形) 어초의 경우에는 <그림 5-2>에 나타내는 응력도의 값을 이용해서 계산한다(日本全國沿岸漁業振興開發協會, 1992).

여기서

$$q = \hat{\sigma}_G \cdot a = K\sigma_G \cdot a \tag{5.20}$$

이고, a와 그림 중의 l은 각각 어초 부재의 단면적과 어초 부재의 중심에서 중심 간의 거리(모서리의 길이)이다. 그리고 $\hat{\sigma}_G$, σ_G 및 K는 (5.3)식과 (5.8)식에 의해 구해진다. 한편, 철근 콘크리트의 계산 순서는 다음과 같다.

1. 굽힘 모멘트와 축력으로 주근을 계산한다.
2. 전단 응력으로 체크한다.
3. 전단 응력이 부족한 경우 띠철근으로 보강한다.
4. 띠철근의 지름은 6mm 이상, 그것의 간격은 부재 단면의 최소 치수 이하 또는 띠철근 지름의 48배 이하 중에서 작은 것을 사용한다.
5. 침설 어초의 해저 착저 시 발생하는 충격 하중에 대해서는 콘크리트의 항장력 강도($\sigma_{ct} = \frac{1}{10}\sigma_{ca}$, σ_{ca}는 단기 허용 항압 강도)로 보아도 좋다.
6. 철근의 두께는 어초를 공장에서 제작할 경우 구조의 안정상 중요한 주철근에 대해서는 철근의 지름 또는 20mm

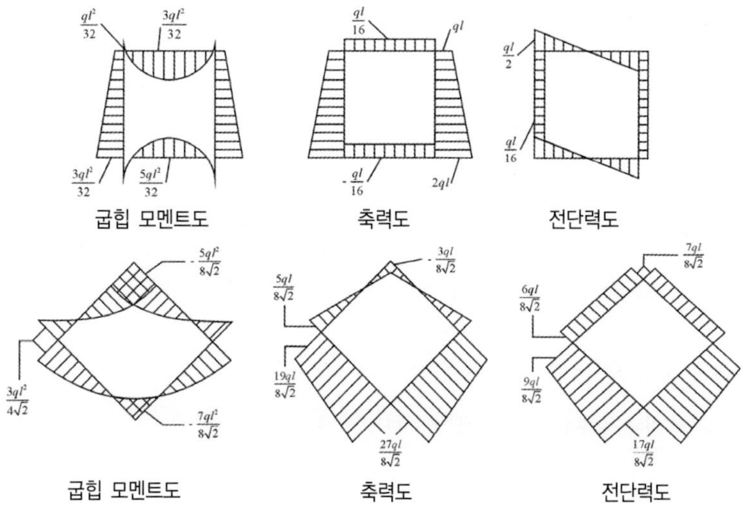

〈그림 5-2〉 사각형 어초 등 각형(角型) 어초의 응력도.

중에서 큰 값을 최소 피복 두께로 한다. 그러나 현장에서 제작하는 경우에는 25mm 이상으로 한다.

7 부재 강도의 증대와 시공 향상을 위해서는 라멘 부재의 접합부에 헌치를 설정한다.

3. 활동(滑動)·전도(轉倒)에 대한 침설 어초의 안정성

침설 어초는 대상 해역에 설치된 후 파와 흐름에 의해서 전도 또는 활동이 발생되지 않아야 한다. 특히 파력 및 조류력 F에 안정되어야 하며, 이를 위해서는 다음의 조건을 만족시키는 것이 필요하다.

(1) 활동에 대한 안정성

$$S_F = \frac{W_\mu(1 - w_0/\sigma_G)}{F} \geqq 1.2 \qquad (5.21)$$

여기서, W는 어초의 공기 중 무게, σ_G와 w_0는 어초의 재료 및 해수의 단위 체적 중량, S_F는 활동에 대한 안전율, μ는 어초와 해저 지반의 마찰 계수로서 주로 0.5~0.6이다.

(2) 전도에 대한 안정성

어초가 전도되지 않을 조건은 저항 모멘트가 전도 모멘트보다 크거나, 수중에서 어초의 자중 및 유체력 합력의 작용선이 저면에 있으면 된다. 즉 안전율 S_F는

$$S_F = \frac{W(1 - w_0/\sigma_G)}{F} \cdot \frac{l_V}{l_A} \geqq 1.2 \qquad (5.22)$$

여기서, l_A는 흐름에 직각인 연직면에서 인공어초의 정사영 면적의 도심까지 높이, l_A는 인공어초의 중심 저면부의 사영점으로부터 가장 가까운 전도의 중심선까지 거리이다. 특히 해저가 경사되어 있는 경우 중력, 부력 및 작용력을 지반면에 대해 법선 및 접선 방향으로 분해 합성한 모든 값을 이용해서 (5.21)식과 (5.22)식에 대입하여 검토할 필요가 있다.

4. 침설 어초의 세굴 · 매몰

침설 어초를 자갈, 모래, 진흙에 설치하는 경우에는 그것의 세굴, 매몰, 침하 등에 의해 그것의 기능을 잃을 수 있으므로

이에 대한 주의가 필요하다. 그리고 저질의 이동과 어초의 구조에 대해서는 표사와 유사 이동이 심한 장소에서는 점(삼각, 사각 등) 또는 뾰족한 모서리(가늘고 긴 부재)에서 지지하는 것이 바람직하고, 면으로 지지하는 경우에는 국소 세굴에 의한 전도가 발생할 가능성이 있다. 또한 어초의 세굴과 매몰은 해저지반을 전면적으로 퇴적 또는 침식시키는 경우가 있으며, 그것에 의해 발생되는 불규칙한 흐름에 의해 국소 세굴이 일어날 수 있으므로 이에 대한 주의가 요구된다(中村, 1991).

참고문헌

全國沿岸漁業振興開發協會, 1992. 沿岸漁場整備開發事業施設設計指針. pp. 142－151.

中村 充, 1991. 改訂水産土木學. 生態界海洋還境エンジニアリング. 工業時事通信社, 東京, pp. 411－470.

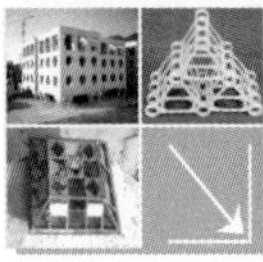

제6장 부어초의 설계 및 효과

1. 부어초의 개발 과정 및 흐름 환경

1) 부어초의 개발 과정

다랑어, 가다랭이, 방어 등의 회유성 어류는 해양을 표류하는 물체에 모이는 습성이 있는 것으로 알려져 있다. 부어초는 어류의 이러한 습성을 이용하여 수산 생물의 위집, 체류 및 유도를 목적으로 해면 또는 해면 아래에 계류되어 있는 인공적인 부체 구조물이다. 그런데 어류가 유목이나 뜬말 등에 위집하는 습성은 예로부터 잘 알려져 있어 어업인들 스스로가 기술을 계승하여 전통형 부어초를 개발하였다. 이들은 <그림 6 - 1>과 같이 필리핀에서는 파야오, 말레이시아에서는 운잔, 인도네시아에서는 람포소, 일본에서는 만새기 붙임 뗏목 등으로 불려지고 있으며, 최근에도 동남아시아 전역에서 사용되고 있다. 이와 같은 전통형 부어초의 대부분은 대나무, 목재, 나뭇잎 등 손쉽게 구할 수 있는 재료를 엮거나 또는 테에 고정된 후 밧줄로써 해면에 계류하는 매우 간단한 표층형 부어초

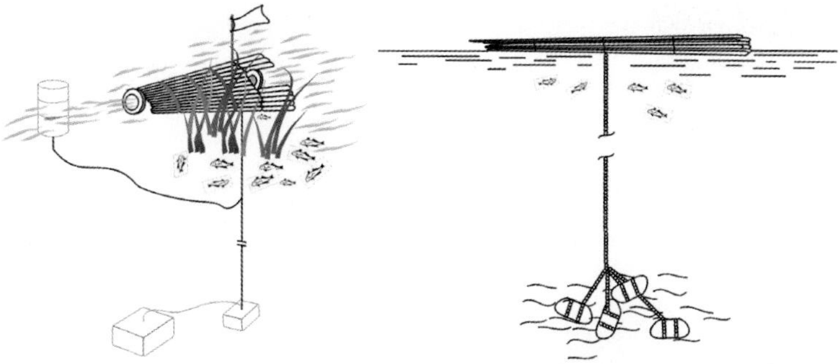

파야오　　　　　　　　　　만새기 붙임 뗏목

〈그림 6-1〉 전통형 부어초.

이다. 그 때문에 전통형 부어초의 내구 연수는 겨우 1년 정도로 매우 짧다(日本全國沿岸漁業振興開發協會, 2000).

따라서 일본에서는 이들 전통형 부어초의 내구성과 위집 효과를 향상시키기 위해 첨단 기술과 재료를 조합하여 만든 다양한 부어초가 개발되었다. 이들 부어초는 수심이 깊어서 침설 어초로는 시공이 곤란한 해면으로부터 해저까지 이르는 어떤 해양 공간에도 설치할 수 있으며, 수심이 얕은 해역으로부터 수심 1,000m 이상의 해역까지 설치 수심도 매우 광범위하다. <그림 6-2>는 표층 부어초 및 중층 부어초의 일례를 나타낸 것이다. 부어초는 제작 및 설치하는 사람에 따라 규모, 구조, 재질 등이 매우 다양하므로 표준적인 설계·제작 방법은 정해져 있지 않다. 그러나 부어초는 기본적으로 부체 부분(어초의 본체), 계류 부분(연결부) 및 고정 부분(앵커)의 세 부분으로 구성되어 있다.

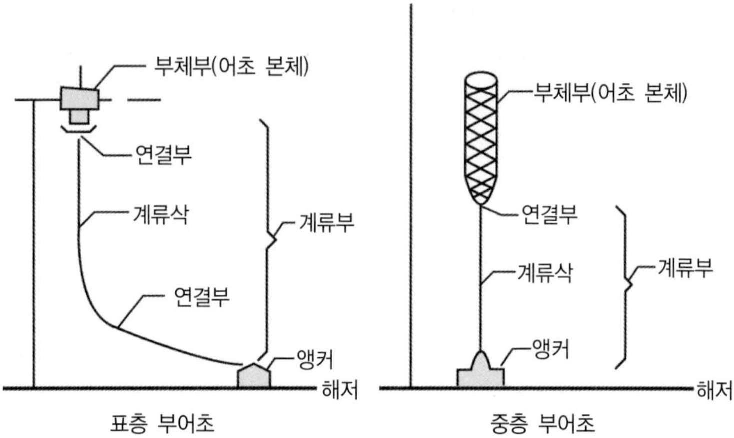

〈그림 6-2〉 표층 및 중층 부어초의 일례.

2) 부어초와 흐름 환경

해저 형상에 의한 흐름의 영향이 상층에 미치는 것으로서는 내부파의 일종인 지형파(地形波)를 들 수 있다. 일반적으로 표층에서부터 저층으로 내려가면 해수의 밀도가 커지고 흐름이 약한 경우에 저층의 인공어초에 의해서 <그림 6-3>과 같은 지형파를 발생시킨다. 특히 인공어초의 높이와 수심의 비가 10%인 프루드수 F_r이 0.09일 때 가장 양호한 지형파가 발생한다. 또한 유속이 커서 F_r이 $0.32(=1/\pi)$보다 크게 되면 지형파는 흘러서 어초의 배후에 <그림 6-4>와 같은 유영이 된다. 이것은 황천 시에 표·중층 어류가 깊은 곳으로 이동하고 있는 것과 대응된다. 따라서 앞에서 설명한 바와 같이 부어초는 수심이 깊기 때문에 침설 어초로서 시공이 곤란하고 표·중층 어류에 영향을 미칠 수 없는 경우에 사용된다. 이 경우 침설어초와 부어초의 설치 판정 기준은 1장에서 언급한 바와 같이 $F_r \leq 0.32$ 일 때는 침설 어초이고, $F_r > 0.32$ 일 때는 부어초이다.

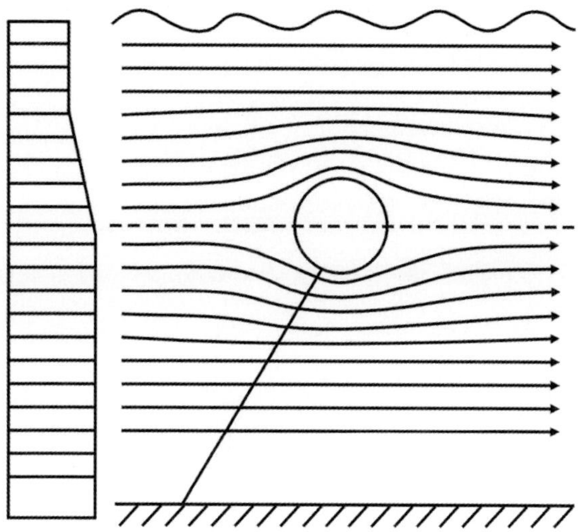

〈그림 6-3〉 부어초와 지형파.

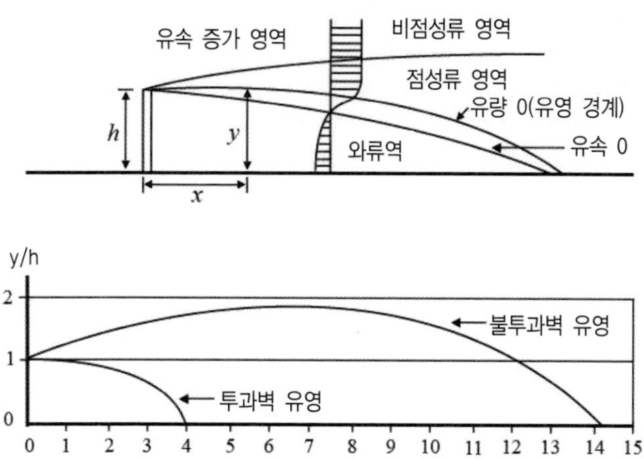

〈그림 6-4〉 균일류 흐름의 그늘.

2. 부어초의 종류 및 구성

1) 부어초의 종류

부어초는 기능 및 구조상 2가지 형태로 분류된다. 기능상으로는 단기능형과 다기능형이 있고, 구조상으로는 표층형과 중층형으로 나누어진다. 그리고 부어초 설계 시에는 먼저 기능을 고려한 후 구조상의 분류에 따라서 행한다.

부어초는 어류의 효과적인 위집, 체류 및 유도를 목적으로 하는 단기능형과 위집, 체류 및 유도 기능에 추가해서 급이, 물뿌림(散水), 발광, 관측 장치 등의 부가 기능을 가지고 있는 다기능형이 있다. 또한 부체부가 설치되는 위치에 따라 표층형과 중층형으로 나누어진다. 먼저 표층 부어초는 통상 부체부가 수면에 설치되고, 계류삭과 앵커에 의해 그 위치가 유지되며, 계류의 형태는 이완 계류(catenary)이다. 또한 중층 부어초는 부체부가 항상 수중에 설치되므로 표층 부어초에 비해 파력 경감 등의 이점이 있고 부체부의 잉여 부력과 계류삭 및 앵커에 의해 그 위치가 유지되며, 계류계의 형태는 긴장 계류이다.

2) 부어초의 구성

앞에서 설명한 바와 같이 부어초는 부체부(부체 본체), 계류부(계류삭 및 연결부) 및 앵커로 구성된다. 또한 부어초의 재질에는 강재, FRP, ABS 수지, 합성 섬유 등이 사용되고 있으며, 설계 시에는 시공 후에 발생되는 모든 외력에 대해서 부체부의 파괴와 계류삭의 절단 및 앵커의 이동이 없도록 해야 한다. 이 경우 각 부의 부재는 내구 연수에 따라 부식, 피로 등에 의한 재질의 열화, 마모에 의한 부재의 단면 감소 등을 고려하여 결정되어야 하며, 상기의 재료 열화는 아래와 같다.

1 부체의 구성부 및 계류삭에 사용되는 앵커 체인과 철사 밧줄(와이어로프)의 안전율은 모두 3이다.

2 계류삭 등에 사용되는 합성 섬유 밧줄의 열화 강도는 아래의 식으로 계산한다.

$$T_n = T_0 \times (K_1 \times K_2) \quad (6.1)$$

여기서, T_0는 밧줄의 초기 강도, T_n은 n년 후의 밧줄의 강도, K_1은 장기적인 강도 열화 계수, K_2는 밧줄의 끝단 처리 방법에 의한 강도 저하 계수이다.

(1) 해수 중에서 장기적인 강도 열화 계수 K_1

$$K_1 = (1 - 0.1)^n$$

여기서, n은 경과 연수이다.

(2) 밧줄의 끝단 처리 방법에 의한 강도 저하 계수 K_2

일반적으로 밧줄은 곡률 반경 D의 2배와 그것의 지름 d의 비인 D/d가 작으면 피로 손상이 빠르고 D/d가 1~2의 경우에는 강도 효율이 50~60%이며, 굽힘에 대한 증가 계수의 경우에는 1.6~1.7을 안전율로 확보해야 한다. 이것을 강도 저하 계수로 나타내면 K_2는 0.59~0.63이다.

(3) 합성 섬유 밧줄 등의 안전율

합성 섬유 밧줄과 고기능 섬유 밧줄의 안전율은 모두 3인데 합성 섬유 밧줄의 경우 규격 파단 하중에 대해서 적용이 되고, 고기능 섬유 밧줄의 경우에는 재질의 사용 조건에 따라 다르기 때문에 합성 섬유 밧줄의 경우와 같이 충분한 검토가 필요하다. 또한 계류삭의 체인 등 철제, 부어초에 부착된 생물, 어류, 패류 등과 부체와 계류 밧줄의 접촉에 따라 밧줄의 표면이 마모되고 절단될 가능성이 있다. 따라서 밧줄 소재의 선정과 부체 성형 시 이점을 충분히 고려할 필요가 있다.

3) 부어초의 적지 선정

부어초의 설치 해역을 선정하기 위해서는 다음과 같은 사항들을 고려해야 한다.

1. 회유어의 위집이 기대되는 해역
2. 어업인의 이용이 기대되는 동시에 기존 어업과 조업상의 문제가 발생하지 않는 해역
3. 해저 케이블에 손상을 주지 않는 해역
4. 선박의 항로가 아닌 해역

3. 표층 부어초

1) 설계 외력

표층 부어초의 부체부 및 계류부에 작용하는 외력을 계산하는 경우에는 다음과 같은 사항을 고려한다.

(1) 자중

자중 W는 아래의 식으로 구한다.

$$W = \sigma_G \cdot V \qquad (6.2)$$

여기서, σ_G는 부체 구성 부재의 단위 체적 중량이고, V는 부체 구성 부재의 실용적이다.

(2) 부착 생물에 의한 하중과 부착 두께

부어초에는 해중 생물이 반드시 부착하며, 이것에 의해 수중 중량이 증대되어 잉여 부력이 감소할 뿐만 아니라 부재의 체적이 커지게 됨으로써 부어초에 작용하는 유체력이 증가한다. 그러나 이들 부착 생물의 양을 예측하는 것은 매우 어렵기 때문에 과거에는 부어초를 일정 수층에 장기간 유지할 수 없었을 뿐만 아니라 해저에 침하되거나 유실된 사례가 많았다(木村, 1982). 특히 부어초의 설계 시 문제가 되는 부착 생물은 시설 예정 해역에 따라 다르기 때문에 부착 생물이 부어초의 부설 기간 동안 최대 어느 정도까지 부착되고 그 때의 중량 및 체적이 어느 정도인지에 대해서는 아직까지 불명확하다. 따라서 부체부 및 계류부(앵커 체인을 배치하는 경우)에 대해서 해면으로부터 수심 60m까지의 범위에 있는 물체의 전 표면(해수와 접하는 표면)에 부착 생물이 부착하고, 그것에 의한 중량, 체적 및 투영 면적의 증가를 고려해야 한다. 일반적으로 해중 생물의 부착 중량은 8kg/m^2(수중)이지만, 가능한 한 해당 해역의 생물 부착량에 대한 실측 자료가 있는 경우에는 그것을 사용하는 것이 바람직하다.

(3) 정수압 · 부력

부력 F_L은 다음 식으로 구한다.

$$F_L = V_W \cdot w_o \tag{6.3}$$

여기서, V_W는 정수 중 부상할 때 부체의 해수 배제 용적이고, w_o는 해수의 단위 체적 중량이다.
그리고 부체의 잉여 부력 F_V는 아래의 식으로 구한다.

$$F_V = V_{au} \cdot w_o - (W + w') \tag{6.4}$$

여기서, V_{au}는 부체의 전 용적, w'는 설치 지점의 최대 조위시 해수 중 부체가 떠 있는 부분에서 해저까지 계류삭이 뻗어 있는 부분의 수중 중량, W는 자중이다.

(4) 풍하중

부어초의 정수면 상 부재 또는 구조물에 작용하는 풍력은 아래의 식으로 구한다.

$$F_A = \frac{{U_{10}}^2}{2g} \cdot w_a \cdot \left\{ \sum (C_D \cdot A_a) \right\} \tag{6.5}$$

여기서, F_A는 풍력, U_{10}은 10분간 평균 풍속, w_a는 공기의 단위 체적 중량(1.1×10^{-3}tf/m^3), C_D는 해면상 각 부의 항력 계수, A_a는 바람에 대한 해면상 각 부의 투영 면적이다.

(5) 파에 의한 압력

부어초의 부체부에 작용하는 파압은 다음 식으로 구한다.

$$P = K \cdot w_o \cdot H_{\max} \tag{6.6}$$

여기서, P는 파압, H_{max}는 최대 파고, K는 형상에 따라 결정되는 파압 계수로서 실험 결과가 없는 경우에는 1.5를 대입한다.

(6) 흐름과 파에 의한 하중

부어초의 부체부에 작용하는 흐름과 파에 의한 정상 외력 F_W는 부체에 미치는 파의 영향이 무시될 수 있는 경우로서 다음의 식으로 구한다.

$$F_W = \frac{w_o}{2g} \cdot C_D \cdot A_W \cdot \left(V^2 + \frac{1}{2} \cdot \beta \cdot V_m{}^2\right) \tag{6.7}$$

여기서, C_D는 물체의 항력 계수, A_W는 물체의 투영 면적, $V = v + v_b$로서 v는 해류 및 조류의 속도이고, v_b는 60분간

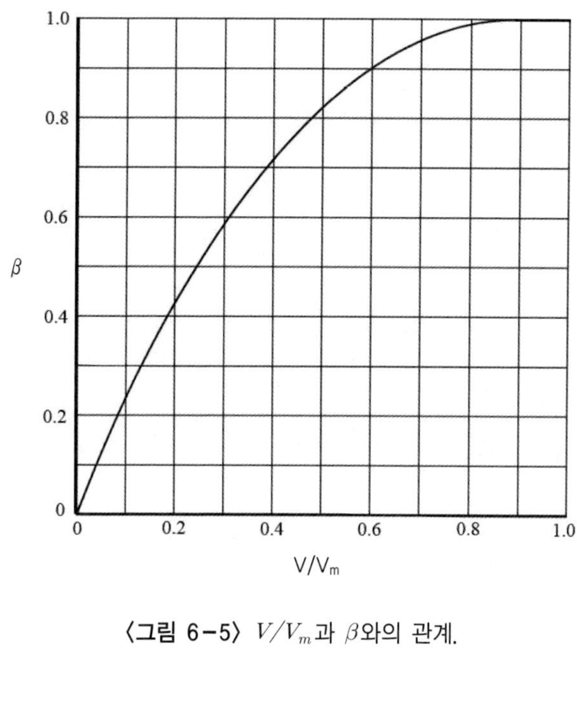

〈그림 6-5〉 V/V_m과 β와의 관계.

평균 유속의 3% 값이다($v_b = 0.03 U_{60}$). 또한 V_m은 유의파에 의한 해면의 최대 유속이고 β는 $V > V_m$일 때는 1이며, $V \leq V_m$일 때는 <그림 6-5>와 같다. 그리고 U_{60}은 부어초 설치 예정 해역의 60분간 평균 풍속($U_{60} = 0.95 U_{10}$)으로 설치 예정 해역에 대한 실측 자료가 없는 경우에는 가장 가까운 육상 관측점의 자료로부터 해상 풍속을 $U_{10} = 1.5 U_{10}'$와 같이 계산한다. 여기서 U_{10}'는 10분간 육상의 평균 풍속이다.

부어초의 부체부에 작용하는 최대 유체력을 구할 때에는 파와 흐름의 복합력을 고려할 필요가 있으며, 이 경우 각각 힘의 합력 F_F는 다음 식으로 구한다.

$$F_F = F_D(\sin\theta + V/V_m)^2 - F_M \cdot \cos\theta \quad (6.8)$$

여기서, F_D는 항력이고 F_M은 질량력이며, V_m은 계류삭 방향의 파에 의한 최대 수립자 속도이다.

또한 부어초의 계류삭에 작용하는 유체력은 계류부 전체에 작용하는 항력의 총합 F_K이며, 다음 식으로 계산한다.

$$F_K = \frac{1}{2} \cdot \frac{w_o}{g} \cdot \int_0^h C_D \cdot A_K \cdot {V_Z}^2 \cdot dh \quad (6.9)$$

단, 수심이 100~700m인 경우 (6.8)식에서 h=100m로 구한 F_K와 (6.9)식으로 구한 F_K를 비교해서 큰 쪽의 F_K를 설계치에 이용한다.

여기서, A_K는 계류삭의 투영 면적, V_Z는 정수면으로부터 수심 z에서 해류 및 조류의 분포 속도로서 수심 $h \leq 100$m일 때는 $V_Z = V_0 \cdot \left\{\frac{h-z}{h}\right\}$이고, 100m<수심 $h \leq 700$m일 때는

$V_Z = V_0 \cdot \dfrac{h-z}{h}$ 이다. F_K는 수심 h가 700m 이상인 경우에는 정수면으로부터 700m까지에 대해 위식에서 h=700m를 대입해서 얻은 삼각형 분포로서 구하고 수심이 700m 이상인 경우 유속은 무시한다.

(7) 그 외 하중(적설 하중, 탑재기기의 하중 등)

부어초에 작용하는 그 외의 하중으로서는 각 해역의 고유 현상인 적설 하중, 유목 등 표류물의 충돌 하중, 탑재기기의 하중 등이 있기 때문에 설치 해역의 특성에 따라 이들을 고려할 필요가 있다.

2) 부체의 안정

부어초의 부체는 설치 해역의 기상, 해상 조건 등에 대해 안정하지 않으면 안 된다. 따라서 부체의 안정은 일반적으로 다음의 항목에 대해서 검토해야 한다.

(1) 정적 안정

다음 식에 의해 구한 부어초의 메타센터 높이 GM을 구해 부체의 흘수 D를 정한다. 이 경우 흘수는 이상 시 수몰의 가부를 고려하고 잉여 부력을 감안해서 결정한다.

$$GM = \frac{I}{V} - BG > 0 \quad (6.10)$$

여기서, I는 흘수면의 장축에 대한 단면 2차 모멘트이고 V는 부체의 배제 용적이며, BG는 중심과 부심의 거리이다.

(2) 동적 안정

<그림 6-6>에 나타내는 것과 같이 부체 각 상태(예항, 설치 상태, 수리 등)의 흘수 시 복원 모멘트는 부체의 각 경사각에 따라 구한다. 그 다음에 바람, 조류, 계류력 등의 외력에 의한 부체의 전도 모멘트를 여러 가지 경사각에 대해서 구해 복원 모멘트와 같은 그림 상에 나타낸다.

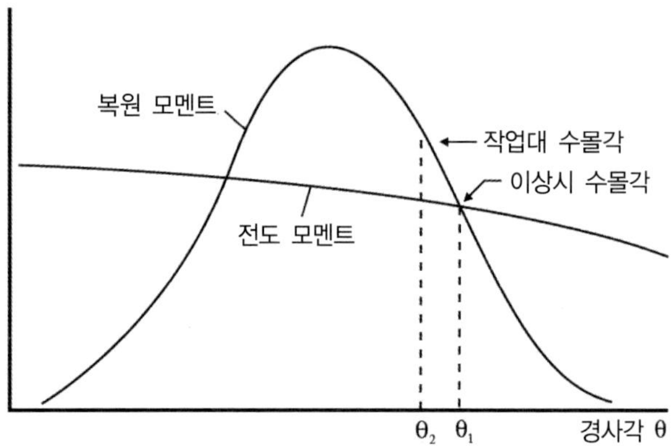

〈그림 6-6〉 복원력 곡선.

① 이상 시 수몰을 피하는 경우

$$\int_0^{\theta_1} R(\theta)d\theta \geqq 1.1\int_0^{\theta_1} I(\theta)d\theta \tag{6.11}$$

② 수리 시의 경우

$$\int_0^{\theta_2} R(\theta)d\theta \geqq 1.3\int_0^{\theta_2} I(\theta)d\theta \tag{6.12}$$

여기서, $R(\theta)$는 복원 모멘트($= W \cdot GM \cdot s\theta$), $I(\theta)$는 회전 모멘트, θ_1과 θ_2는 각각 장치 기기와 작업판의 수몰각이다.

(3) 운동 성능과 고유 운동 주기

부어초는 부체부가 계류삭으로 지지되어 있는데, 계류삭이 한 가닥 또는 두 가닥의 밧줄로 구성된 경우에는 파 운동 등의 강제 진동을 받게 된다. 그 결과, 부어초가 자유 진동과 공진(共振)하게 되면 그 운동이 증폭되어 계류삭 등에 큰 힘을 가하는 경우가 있다. 특히 부어초의 고유 운동 주기와 같은 주기적 외력(파력) 하에서 부체부가 공진해서 계류부에 큰 힘이 작용하면 계류삭 파단의 원인이 되기 때문에 부어초의 고유 주기가 파의 주기와 일치되지 않도록 설계하는 것이 바람직하다. 여기에서 부어초의 고유 주기는 파에 의한 공진이 발생되지 않도록 정수 중에서 부체부를 자유 진동시킬 때의 진동 주기를 말한다. 따라서 부체 운동(서지, 스웨이, 히브, 롤링, 피칭 및 요잉)의 고유 주기와 파의 주기가 일치되지 않는 구조와 계류계가 되도록 부어초를 설계해야 한다.

3) 계류력

부어초의 계류부는 작용 외력 부분에서 기술하였던 외력 및 시공 시 예측되는 하중 등에 대해서 일정 기간 중 부체부를 안전하게 계류할 수 있도록 설계되어야 한다. 특히 표층 부어초의 계류 설계 시에는 계류 방식의 선정, 계류 구성 부재의 선정, 계류력의 산정, 계류삭의 안전율 검토, 앵커의 설계 등이 포함되어야 한다.

① 표층 부어초는 일반적으로 계류삭의 길이와 수심의 비가 1.2보다 큰 이완 방식으로 계류되는 것이 좋다. 이 경우 계류삭에 작용하는 계류력은 원칙적으로 계류삭의 수중 중량을 고려한 현수 곡선(catenary) 방식으로 계산되어야 한다. 그러나 계산 결과, 작용 외력이 큰 계류 형상이 직선상(긴장 계류)으로 되는 경우에는 다음에 설명하는 최대 작용력에 의한 방법으로 한다.

작용 외력 F는 현수 곡선 계산에 의한 방법으로 다음과 같이 구한다.

$$F = F_A + F_W + F_K + F_F = T_H \quad (6.13)$$

라고 하면

$$T_{M1} = \sqrt{{T_H}^2 + {T_{V_1}}^2} \quad (6.14)$$

이고,

$$T_{M2} = \sqrt{{T_H}^2 + {T_{V_2}}^2} \quad (6.15)$$

이다.

여기서, F_A는 풍력, F_W는 부체에 작용하는 흐름과 파에 의한 정상 외력, F_K는 계류삭에 작용하는 항력, F_F는 파와 흐름에 의한 변동 외력, T_H는 부체 계류점의 계류삭 장력의 수평 분력, T_{M1}은 계류삭 상단의 장력, T_{M2}는 계류삭 하단의 장력, T_{M1}은 계류삭 상단의 연직 분력, T_{M2}는 계류삭 하단의 연직 분력이다.

② 계류삭이 긴장 상태에 있는 경우 작용 외력 F는 다음과

같이 구한다.

$$F = F_A + F_F + F_K$$

계류삭에 작용하는 장력은 <그림 6 - 7>에서

$$\left.\begin{array}{r} T\cos\theta = F \\ T\sin\theta < N \\ F\sin\theta/\cos\theta < N \end{array}\right\} \quad (6.16)$$

이다.

여기서, F는 최대 작용력, T는 계류삭 장력, θ는 계류삭이 해저 면과 이루는 각도, N은 잉여 부력이다.

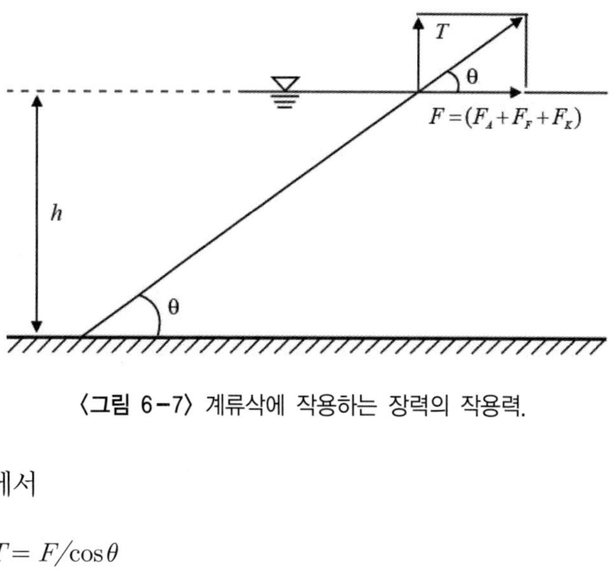

〈그림 6-7〉 계류삭에 작용하는 장력의 작용력.

위식에서

$$T = F/\cos\theta \quad (6.17)$$

이다.

한편, 계류삭에 장력 T가 작용하는 경우 계류삭의 신장 x는 그것의 신장 계수와 초기 길이를 각각 K와 l이라고 하면

$$\sin\theta = \frac{h}{l+x} = \frac{h}{l+T/K} \tag{6.18}$$

의 관계가 얻어진다.

결국

$$K(l\sin\theta - h)\cos\theta + F\sin\theta = 0 \tag{6.19}$$

이고, K, l, h 및 F가 주어졌기 때문에 θ를 알면 (6.19)식으로부터 계류삭에 작용하는 장력 T를 구할 수 있다.

4) 앵커의 고정력

부어초에 사용되는 앵커의 경우 계류삭에 최대 장력이 작용하더라도 이동하지 않는 형식과 중량이 되도록 선정해야 한다. 먼저 앵커의 형식에는 파주력식과 중력식이 있지만, 부어초의 계류용으로서는 중력식이 보다 더 바람직하며, 콘크리트 블록이 앵커로 주로 사용된다. 그리고 중력식 앵커의 필요 중량은 다음 식으로부터 구한다.

$$W \geqq \frac{T_M(S_F\sin\phi + \mu\cos\phi)}{\mu(1 - w_o/\sigma_G)} \tag{6.20}$$

여기서, W는 앵커의 공기 중 무게, T_M은 계류삭의 최대 장력, ϕ는 계류삭의 연직과 이루는 각, μ는 앵커와 해저 지반과의 마찰 계수, S_F는 활동에 대한 안전율로서 주로 1.2이다. 파주력식 앵커의 사용 시에는 위쪽 방향으로 힘이 작용하면 그 기능이 현저하게 저하되기 때문에 앵커 체인의 혼용 등을 통해 앵커의 위쪽 방향으로 힘이 작용하지 않도록 해야 한다.

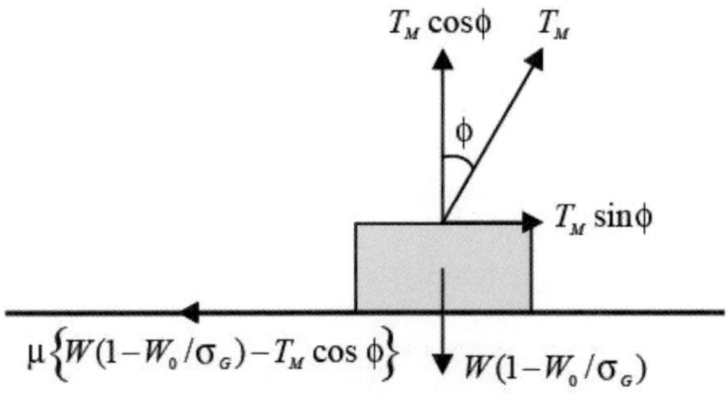

〈그림 6-8〉 앵커 블록의 작용력.

5) 시공 시의 외력

부어초의 시공 방법은 대부분 그것이 설치되는 시점에서 생각할 수 있기 때문에 시공 시에 작용하는 외력을 설계 외력으로 취급해야 하는 것을 잊어버리는 경향이 있다. 그러나 부어초의 본체는 공기 중 중량으로 1~3톤이고 앵커의 경우에는 규모가 큰 것은 무게가 30톤에 달하는 경우도 있다. 따라서 부어초의 부재에 따라서는 부설 후보다도 시공 시에 보다 큰 힘이 작용하는 경우도 있을 수 있기 때문에 부어초 설계 시 시공 방법을 고려해야 한다.

6) 부어초 부재의 피로(fatigue), 크리프(creep) 및 부식 특성

(1) 피로

재료는 탄성 한계 이하의 작은 하중에도 그것이 매우 자주 반복적으로 작용하면 재료의 강도는 감소하는데, 이 현상을 재료의 피로라고 한다. 부어초의 부재에는 파에 의한 반복 하중이 끊임없이 작용하기 때문에 부재 재료의 경우 피로에 약한 것은 사용하지 않아야 한다.

(2) 크리프

재료에 어떤 일정 하중을 장시간 가한 후 그것을 제거하면 서서히 변형이 진행되는 경우가 있는데, 이 현상을 크리프라고 한다. 금속 재료에서는 상온에서 크리프가 문제가 되는 경우가 적지만, 비금속 재료, 특히 플라스틱 계통의 재료는 상온에서 크리프를 일으키고, 특히 단시간 강도의 수분의 1 하중에서도 파괴되는 경우가 있기 때문에 잉여 부력이 끊임없이 작용하는 계류삭과 같은 부재를 설계할 때는 크리프에 대한 검토가 필요하다.

(3) 부식 특성

해수 중 강재의 부식량은 연간 0.1～0.2mm 정도로 알려져 있다(木村, 1982). 그러나 재료의 부식 강도와 마모의 정도는 해수의 이화학적 조건과 사용 상태에 크게 영향을 받기 때문에 이들의 규명을 위해서는 금후에도 지속적인 실험이 필요하다.

4. 중층 부어초

중층 부어초를 설계하는 경우에는 부체부 및 계류부에 작용하는 외력으로서 다음과 같은 사항들을 고려한다. 다음에서 고려하는 중층 부어초의 경우 수심이 설계파의 1/2 파장 이상 깊고 부체부의 정위 위치가 선박의 항행에 지장을 주지 않는 수심에 긴장된 형식으로 계류된 것이다. 그리고 여기에서 기술하지 않는 사항에 대해서는 앞에서 언급한 표층 부어초에 따르는 것으로 한다.

(1) 자중

자중의 경우 앞에서 언급한 표층 부어초의 설계 조건과 동일하다.

(2) 부착 생물에 의한 부착량과 부착 두께

부착 생물에 의한 영향에 대해서는 표층 부어초에 준해 평가할 필요가 있지만, 본체가 그물감으로 구성된 부어초의 경우 그물코가 막히는 현상 등이 발생할 가능성이 있기 때문에 이를 신중히 검토할 필요가 있다.

(3) 정수압·부력

정수압 및 부력에 대해서는 표층 부어초에 준해서 계산한다.

(4) 흐름과 파에 의한 하중

중층 부어초의 각 부에 작용하는 유체력의 수평 성분은 표층 부어초에 준해서 계산한다. 다만, 중층 부어초에 흐름, 파 등에 의한 유체력이 작용하여 계류삭이 ϕ만큼 경사되어 있는 경우에는 파에 의한 상하 방향의 유체력 F_W는 설치 해역의 수심이 깊다면 심해파를 이용하여 계산한다. 이 경우 파에 의한 최대 상하 수립자 속도를 V_m, 중층 부어초의 수면으로부터 측정한 깊이를 z라 하면, 중층 부어초에 작용하는 유체력 F_D와 F_M은

$$\left.\begin{aligned} F_D &= C_D \cdot A_V \frac{w_o}{2} g \cdot V_m{}^2 \\ F_M &= C_M \cdot V_0 \frac{2\pi w_o}{T} V_m \end{aligned}\right\} \tag{6.21}$$

이고,

$$V_m = \pi \frac{H}{T} \cdot e^{-2\pi z/L_0}$$

$$L_0 = \frac{g}{2} \pi T^2$$

이다.

단, A_V는 부체의 상하 방향 투영 면적, V_0는 부착 생물과 정수압에 의한 변형을 고려한 부체의 겉보기 체적이며, 파력의 최대치$(F_W)_{\max}$와 최소치$(F_W)_{\min}$은 다음 식으로 구한다.

먼저 $F_M > 2F_D$일 때 F_W는

$$\left.\begin{aligned} (F_W)_{\max} \\ (F_W)_{\min} \end{aligned}\right\} = \pm F_M \tag{6.22}$$

이고,

$F_M \leqq 2F_D$일 때 F_W는

$$\left.\begin{aligned} (F_W)_{\max} \\ (F_W)_{\min} \end{aligned}\right\} = \pm \left(F_D + \frac{F_M{}^2}{4F_D}\right)$$

이다.

계류삭의 경사 ϕ는 다음 식으로 구한다.

$$\left.\begin{aligned} \phi &= tan^{-1}(F_0/N) \\ F_0 &= \frac{w_o}{2} g \left(\sum C_{Di} A_i\right) V^2 \\ N &= (w_o - \sigma_G) V_0 \end{aligned}\right\} \tag{6.23}$$

여기서, N은 잉여 부력, σ_G는 부어초의 단위 체적 중량, C_{Di}는 각 형상에 대한 항력 계수, A_i는 흐름에 대한 부어초 각 부재의 투영 면적, V는 해류 및 조류의 속도(단, 취송류는 무시), V_0는 부어초의 겉보기 체적이다.

중층 부어초가 긴장 계류된 경우에는 계류삭이 이완되면 다음에 긴장할 때 큰 충격력이 발생해서 연결부 또는 계류삭 파단의 원인이 된다. 따라서 이와 같은 현상을 방지하기 위해서는 한 가닥의 계류삭으로 긴장 계류된 중층 부어초는 (6.24)식 또는 (6.25)식에 의해 계산된 값 중에서 더 큰 쪽을 필요 잉여 부력 N으로 정해야 한다.

$$N > \frac{(h - z_0)}{l} \cdot \frac{F_M + \frac{1}{2} \cdot Fl_H}{\sqrt{1 - [(h - z_0)/l]^2}} + F_V \qquad (6.24)$$

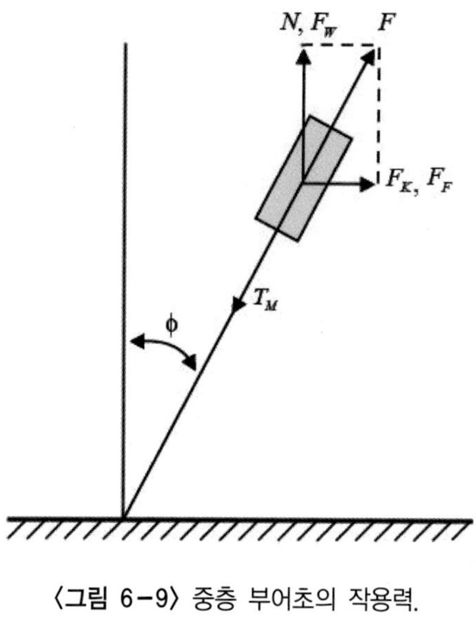

〈그림 6-9〉 중층 부어초의 작용력.

여기서, h는 수심, z_0는 해면으로부터 부체부의 깊이, l은 계류삭의 길이, F_M은 부상부에 작용하는 흐름만에 의한 유체력의 수평 분력, F_V는 부상부에 작용하는 흐름만에 의한 유체력의 연직 분력, Fl_H는 계류삭에 작용하는 흐름만에 의한 유체력의 수평 분력이다.

또한 계류삭이 이완되지 않도록 하기 위한 잉여 부력은

$$N > (F_W)_{\max} \tag{6.25}$$

이다.

여기에서 $(F_W)_{\max}$는 (6.22)식에 의해 계산된 값이다.

(5) 고유 운동 주기

부어초의 고유 운동 주기에 대해서는 앞의 표층 부어초에서 언급한 바 있으며, 부어초의 중심 및 도심과 계류삭의 착력점이 일치하는 1점 계류된 중층 부어초의 고유 주기 T_0는 다음 식으로 구한다.

$$T_0 \geq 2\pi \sqrt{\frac{l}{g}} \cdot \sqrt{\frac{C_M + \sigma_{GA}/w_o}{1 - \sigma_{GA}/w_0}} \tag{6.26}$$

$$\frac{\sigma_{GA}}{w_o} = 1 - \frac{N}{w_o V_0} \tag{6.27}$$

여기서, σ_{GA}는 부어초 전체의 겉보기 단위 체적 중량이고 V_0는 부어초 전체의 겉보기 체적이며, C_M은 부체의 부가 질량 계수이다.

(6) 계류삭의 장력

중층 부어초가 1점으로 긴장 계류되어 있는 경우 계류삭에 작용하는 장력은 다음 식으로 구한다.

$$T_M = (N + F_W)\cos\phi + (F_K + F_F)\sin\phi = F_{\max} \tag{6.28}$$

여기서, F_W는 (6.22)식에 의해 계산되고, F_F는 (6.8)식에 의해 계산되는 파와 흐름에 의한 변동력이다.

또한 중층 부어초의 계류삭에 작용하는 장력을 계산하는 경우에는 (6.28)식으로 구해지는 설치 후 계류삭의 장력 외에 설치 공사 시 발생하는 투입 공법에 의한 하중도 고려할 필요가 있다. 그리고 투입 공법에 의해 계류삭에 발생하는 장력은 설치 수심, 앵커의 형상 및 중량, 투입 상황 등에 의해 변화되기 때문에 그들 상황에 따라 개별적으로 검토해야 한다. 또한 계류삭의 안전율은 내구 연수의 최종 시점에서 상기 계류력에 대해 검토해야 하며, 중층 부어초의 앵커에 대한 사항은 기본적으로는 표층 부어초의 경우와 동일하다.

5. 부어초의 구조 설계

부어초의 구조 설계 시에는 작용 외력을 고려하고 표층 부어초에 대해서는 기기류를 탑재하는 경우 장비류의 성능, 시공 방법, 안전 대책 등 강도 설계 이외의 요소도 고려하지 않으면 안 된다.

1 표층 부어초의 부체부 강도 설계 시에는 부체의 최대 침수량을 구해 그 때의 정수압에 견딜 수 있어야 하고,

부체부에 작용하는 내압에 견딜 수 있는 측벽 구조가 되도록 해야 한다.

2 연결부는 비틀림이나 마모에 의한 파손이 발생되지 않는 구조이어야 하며, 반복 하중에 의한 열화를 고려해야 한다.

3 간출부의 부재로부터 전해지는 응력에 대해서 부체부가 유해한 변형 등을 발생시키지 않는 구조가 되어야 한다.

4 흘수선 부근은 작업선의 접안, 유목 등의 부유물과 선박 등의 충돌 또는 쇄파 등에 의해서 가장 손상을 받기 쉬운 부분이므로 흘수부 구조에서는 국부 강도에 대해서도 충분한 검토가 필요하다.

5 구조 계산은 부체의 구성 재료에 대해 정해진 각종 구조 계산 지침 등에 준해서 수행되어야 한다.

6 부어초는 현지 조립 또는 운송·설치, 매달아 올리는 상태 등을 상정한 부재 배치와 강도에 대한 검토가 필요하다.

7 탑재물에는 파랑에 의한 가속도가 작용하므로 중량 탑재물의 장치부 주변에 대한 구조 검토 시 탑재물의 자중 이외에 가속도에 의한 관성력을 고려할 필요가 있다.

8 침수에 의한 침몰을 방지하기 위해서는 전체 구조 검토 시 이중각(二重殼)의 구조, 발포재의 충진 등에 대해서 검토할 필요가 있다.

9 급조(急潮) 등의 이상 시에는 부어초가 침수되는 경우가 발생할 수 있으므로 이에 대한 별도의 검토가 필요하다.

6. 부어초의 효과

1) 일본의 부어초

일본에서는 회유성 어류의 집어 및 유영에 효과가 있는 부어초 관련 요소 기술의 개발을 위해 1970년대 말과 1980년대 초에 홋카이도(北海道), 이와테현(岩手縣), 도토리현(鳥取縣), 고치현 등에서는 수심이 40~110m인 해역에 다양한 종류의 부어초를 시설하였다. 일본 水産廳(1982)의 보고에 의하면, 이들 부어초는 오징어, 방어, 참다랑어 등 부어류의 유영 및 집어에 효과가 있는 것으로 나타났으며, 부어초의 주변에 위치한 정치망 어장에서는 부어류의 어획량이 그것을 시설하기 전보다 다소 증가하였다. 그리고 어군 탐지기에 의해 부어초 주변에 위집된 어군의 수평 및 수직 분포를 조사한 결과, 어군의 수평 분포 범위는 부어초로부터 반경 250~300m로 나타났으며, 특히 부어초의 중심으로부터 25~50m 이내의 해역에서 전체 어군의 90%가 분포되었다. 그리고 어군의 연직 분포 범위는 부어초 본체의 상단 10m에서 하단 5m 사이의 층이었다. 이상과 같이 부어초가 부어류의 위집에 상당한 효과가 있었으나, 시설 초기에는 부어초의 설계 미숙과 관리상의 여러 가지 문제점으로 인해 그것이 유실되는 사고가 많이 발생하였다(木村, 1982). 그 이유는 부어초를 고정하는 앵커용 블록의 활동과 계류삭의 피로 파단, 부력재의 부력 감소로 인한 수중 침하, 선박과의 충돌 때문이었다.

따라서 부어초의 유실 사고 방지와 가다랭이, 방어류 등 회유성 어류의 위집을 위해 1990년대 중반 이후부터는 <그림 6

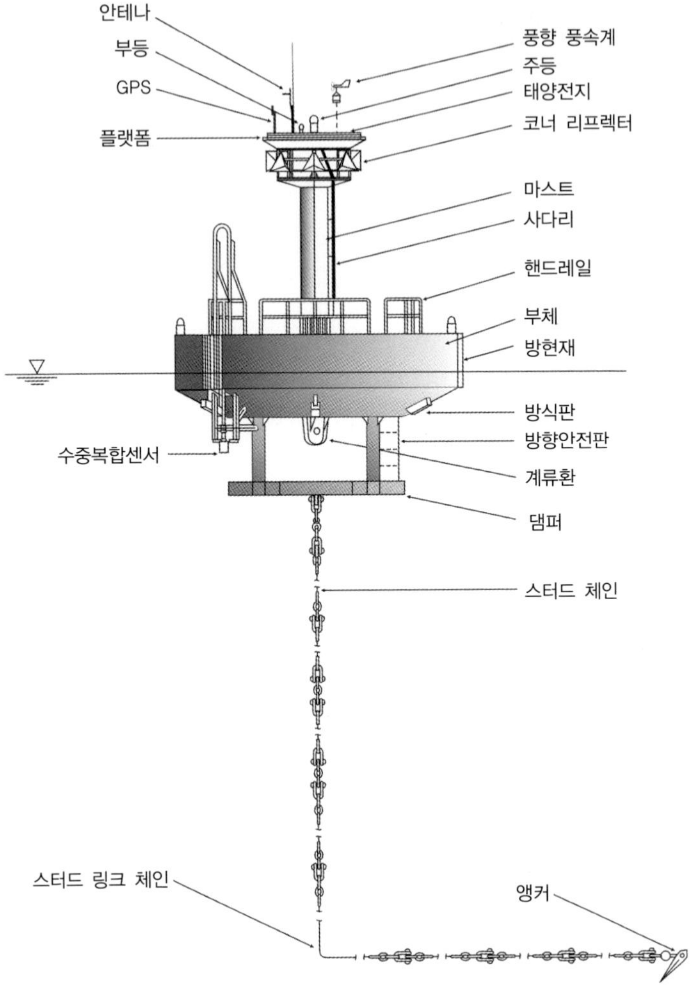

〈그림 6-10〉 대형 강제 부어초의 구조도.

-10>과 같이 내구성이 우수한 대형 강제 부어초를 개발하여 수심이 500～1,300m인 해역에 시설하였다. 이들 부어초에 대한 어획 조사 결과(全國沿岸漁業振興開發協會, 2000)에 의하면, 부어초 주변에 돌돔, 돗돔, 볼락, 숭어, 쥐치, 만새기, 전갱이 등

총 27종의 어종이 위집되었다. 또한 외줄낚시와 연승을 이용하여 어획 시험을 실시한 결과, 가다랭이, 참다랑어(유어), 황다랑어(유어), 만새기와 같은 4종 어류의 1일 평균 단위 노력당 어획량이 141.8kg이었고, 부어초 주변의 1일 CPUE는 182kg으로 부어초에서 어획 효율이 높게 나타났다. 그리고 부어초의 영향이 미치는 범위는 가다랭이와 황다랑어의 경우 대부분 그것으로부터 200m 이내이고, 만새기 등은 100m 이내의 조상측(潮上側)이었다. 또한 연직적으로는 부어초로부터 15~80m의 수층에서 어류가 많이 위집되었다. 한편, 부어초가 시설된 해역에서의 주 어획 시간은 아침 및 저녁 시간이었으며, 낮에는 어군이 그것의 본체로부터 0.5~2.5마일 정도 분산되어 어획이 좋지 않았다.

2) 우리나라의 부어초

우리나라의 경우 1990년대 후반까지 부어초를 설치한 예가 없었으나, 1990년대 말과 2000년대 초에 <그림 6-11>과 같은 연구용 부어초 50기가 경남 거제에 위치한 수심이 50m인 해역에 시설된 바 있다. 이 부어초는 본체, 계류삭 및 앵커로 구성되었으며, 본체는 수면으로부터 15m 수층에 위치되었다. 특히 부어초의 본체는 어류가 좋아하는 물의 흐름이나 소리 같은 자극원을 최대한으로 유발시키기 위하여 재질이 그물감, 원기둥형 부력재, 원형 파이프 등으로 구성되었다. 이 부어초의 효과를 확인하기 위하여 삼중자망에 의한 어획 시험과 잠수부에 의한 수중 관찰을 실시한 결과, 부어초에 어초성 어류인 Ⅱ, Ⅲ형 어류가 주로 위집되었으며, 삼중자망에 어획된

〈그림 6-11〉 중층 부어초의 시설도.

어종은 쥐치, 전갱이, 고등어 등이었다(Kim et al., 2002). 또한 <그림 6-12>와 같이 수많은 치어들과 진주담치 등 부착 생물을 먹이로 이용하는 돌돔, 벵에돔 등이 부어초의 주변에 위집되었으나, 치어의 경우 그 크기가 너무 작아 정확한 종 확인이 어려웠다. 그리고 부어초 본체에 부착된 생물의 우점종은 진주담치이었으며, <그림 6-13>과 같이 부어초를 수중에 시설한 후 3년이 경과한 시점에서 그것을 인양해 본 결과, 그것의 본체 대부분에 진주담치를 비롯한 다양한 종류의 부착 생물이 피복되어 있었다. 앞에서 언급한 바와 같이 부착 생물은 돌돔 등 어류의 먹이로 이용되기도 하나, 본체의 그물감 대부분이 부착 생물로 막혀 유체 저항이 커질 뿐만 아니라 수중 무게의 증가로 인해 잉여 부력이 감소되어 부어초의 안정성이 떨어질 수 있기 때문에 부어초의 설계 시에는 부착 생물의 영향에 대해 특별한 검토가 요구된다.

〈그림 6-12〉 부어초의 본체 주변에 위집된 각종 치어와 돌돔 무리
(Kim et al., 2001).

〈그림 6-13〉 설치 시점과 설치 후 3년이 경과한 부어초의 본체
(Kim et al., 2001).

참고문헌

Kim C.G., H.S. Kim, T.H. Kim, C.I. Baik, 2001. Monitoring of floating fish reef installed in Koje coastal waters. Ocean and Polar, 23(3), 305-310.

木村 晴保, 1982. 浮魚礁の設計と問題點. 水産土木, 19(1), 50－52.

中村充, 1991. 改訂水産土木學. 生態界海洋還境エンジニアリング. 工業時事通信社, 東京, pp. 471－485.

日本水産廳, 1982. 浮魚礁設置技術開發試驗調査報告書. pp. 156－166.

全國沿岸漁業振興開發協會, 1992. 沿岸漁場整備開發事業施設設計指針. pp. 208－222.

全國沿岸漁業振興開發協會, 2000. 沿岸漁場整備開發事業人工魚礁漁場造成計劃指針. 東京, 400 pp.

제7장

인공어초의 적지 선정

1. 인공어초의 일반적 적지 조건

인공어초의 시설 적지는 해역의 자연 환경이 보존되고, 앞으로도 보존 가능한 곳이어야 한다. 그러나 대상 생물은 생활사 중에서 성장 단계별로 수온, 염분, 수압 등 환경에 대해 순응 가능한 허용 범위를 갖고 있기 때문에 수질, 저질 등 자연 환경이 보존되어 있다고 해서 어디든지 인공어초의 적지가 된다고는 할 수 없다.

인공어초의 시설 목적은 최종적으로 배양된 생물자원을 적절한 수단으로 어획하여 달성되기 때문에 안전하고 효율적인 어로 작업이 가능한 생산 환경의 조건이 갖추어져야 한다. 인공어초 어장에 있어서 생산 환경으로서의 조건은 그것을 이용할 어업인이 있어야 하고 조성된 어장을 쉽게 찾을 수 있어야 하며, 기존의 서로 다른 어장과 연계하여 계획적인 조업이 가능한 해역이어야 한다. 또한, 조업 가능한 일정 크기 이상의 적정 면적과 규모를 갖추어야 하고, 어법의 종류에 따라 용이하게 조업할 수 있어야 한다.

그러나 인공어초 시설 예정 해역의 경우 생물 환경(생물 및 물리적 조건)이나 생산 환경의 조건이 구비되었다 할지라도 지역 및 사회적 조건에 의해 보완되지 않으면 소정의 성과를 거두기 어렵게 된다. 특히 연안 해역은 어업 이외의 산업, 레저 공간 등의 목적으로 이용 또는 보존되는 등 다원적인 자원의 가치를 가지고 있다. 또한 그것의 관리에 대해서도 경계가 없다고 할 수 있는 연속 수계(水系)에서는 국내 및 국제적으로 복잡하게 얽혀있는 법률, 제도, 관행 등에 의해 지배를 받고 있다. 이들 중에는 인공어초의 적지 조건을 제한하는 요소가 있는가 하면, 그 반대의 경우도 있다(日本水産資源保護協會, 1976). 특히, 인공어초 시설 예정 해역의 조업 형태를 면밀히 검토하여 다른 어업과의 마찰이 일어나지 않도록 하는 것도 중요한 적지 요건에 속한다. 또한, 인공어초 어장의 조성 적지는 어디까지나 대상 생물을 중심으로 하는 생물 체계가 보존된다는 전제 하에 그 해역이 갖고 있는 자원 가치의 잠재력을 향상시켜 효과적으로 이용할 수 있는 곳이어야 한다.

1) 생물적 조건

대상 어종의 생물 조건에 의한 조성 적지는 어류와 인공어초와의 관계로부터 검토되어야 한다. 즉, 대상 어종이 인공어초에 체류하는 동안 어종의 유지와 번식을 위해 좋은 인공어초 환경을 이용하는 본능적 측면(주성)에서 검토되어야 한다. 시설 예정 해역의 수온, 염분, 수심 등의 기본 조건이 대상 어종의 생활에 필요한 서식 조건을 충족시켜야 하고, 인공어초의 설치로 인해 대상 어종의 서식지, 회유로 및 체류장으로서 서식 환경이 한층 강화된 해역이어야 한다.

인공어초의 구조와 어류의 관계 측면에서 어류가 가지고 있는 주성의 강약에 따라 어류의 형태를 분류하는 것이 편리하다. 인공어초와 관련된 어류의 주성은 2~5형태로 분류되고 있지만, 대개는 앞 절에서 언급한 바와 같이 3가지 형태(Ⅰ, Ⅱ 및 Ⅲ형)로 분류하여 이용하고 있다.

인공어초의 적지와 관련하여 Ⅰ형 어류는 인공어초 시설이 서식장의 증대에 있기 때문에 치어나 방류된 종묘들이 인공어초에 용이하게 가입할 수 있고, 성육하기에 적합한 해역이어야 한다. Ⅱ형 어류를 위한 적지로는 치어가 분포하고 있는 해역 혹은 성어의 어도가 있는 해역이 적당하다. Ⅲ형 어류를 위한 조성 적지는 성어의 어도에 해당하는 해역이어야 한다. 특히 자・치어 보호・육성초의 경우, Ⅰ형 어류에서는 성어용 인공어초와 동일한 장소에 설치함으로써 어느 정도 육성초로서의 기능이 있지만, Ⅱ형 어류에서는 유・치어의 생태를 어초성의 관점에서 검토해야 하며, 보호・육성초의 위치나 배치 등을 면밀히 검토하여 조성해야 한다(佐藤, 1984).

2) 물리・화학적 조건

물리적 조건에는 인공어초 시설 예정 해역의 해저 지형, 수심, 수질, 저질, 유동 환경 등이 있다. 해저 지형은 평면적 및 단면적으로 특유의 형상을 가지고 있으므로 평면 지형은 해안선과 등심선, 단면 지형은 해저선의 고저 등 기복(起伏)에 의해 각각 형성된다. 해저 지형의 개략적인 정보는 해도에 의해 알 수 있지만, 해도가 없더라도 육지에 가까운 천해역에서는 육지의 지세에 의해서 대략적으로 알 수 있다. 해저 지형은 해수의 평면적 및 연직적 유동의 양과 질에 변화를 주며, 어류의 회유와 분포에 중요한 영향을 미치기 때문에 그와 같은 곳에 인공어초를 설치하게 되면 더욱 큰 변화를 주게 된다. 해저 지형의 관점에 의한 인공어초 어장의 조성 적지는 어장 개량의 입장과 인공어초 어장 조성의 입장에서 검토되어진다. 어장 개량의 입장으로부터 보면, 퇴(堆), 해령(海嶺), 해곡(海谷) 등 변화가 풍부한 장소, 대상 어종의 서식 수심까지 해면을 낮추었을 때 섬과 반도, 강과 강의 저면 입구 등이 나타나는 장소의 연변과 상부가 인공어초의 조성 적지이다. 이와 같은 장소는 유동 환경이 다양하여 유속이 느리고 반류역(反流域) 등 체류역(滯留域)이 형성되며, 내부 조석과 내부파의 접근에 의한 연직 혼합과 용승류(溶昇流) 등이 발생되어 서식의 기본 조건은 아주 좋다. 그러나 초가 아니기 때문에 Ⅰ, Ⅱ형 어류의 어장 형성과 Ⅲ형 어류의 체류를 기대할 수 없는 장소이다. 따라서 이와 같은 해역에 인공어초를 시설함으로써 어초성 어류의 증식과 체류량을 증대시킬 수 있게 된다. 한편 인공어초 어장의 조성 입장에서 보면, 해저가 평탄한 사니역(砂泥域)의 경우에는 생물적 조건을 만족시키는 수심에 인공어초를 설치해야 한다. 이 경우 사면(斜面)의 급격한 평탄부로 이동하는 육붕상의 평탄부가 양호한 서식 장소인 경우가 많다.

수심은 대상 생물의 종, 성장 단계, 생리, 생태적 특징에 의해 각각 다르다. 수심이 200m보다 얕은 대륙붕은 육지의 영향을 받아 영양염이 풍부하며, 염분, 수온, pH의 변화, 빛의 투과, 복잡한 해수의 유동 등으로 인해 해양의 1차 생산력으로서 특성 및 자원의 가치가 높다. 해양의 1차 생산력은 수심이 얕을수록, 육지에 가까울수록 증대되기 때문에 배양형 인공어초의 수심은 일반적으로 0~30m의 범위가 적당하다. 한편, 어획용 어초의 시설 수심은 4~5m의 아주 얕은 곳으로부터 대륙붕의 연변까지 확대될 수 있으나, 일반적인 시설 수심은 20~50m이다. 그러나 적정 수심의 설정은 대상 어종, 어구·어법, 인공어초의 시공 및 관리, 인공어초의 수심에 대한 상대 규모(용적/수심)의 측면에서 검토되어야 한다(日本水産資源保護協會, 1976).

수질은 어류 등 수산 생물이 정상적인 서식과 번식 및 유지에 영향을 주지 않아야 한다. 또한, 그 수역의 조업에 지장을 주지 않아야 되고 어획된 수산물이 경제적 가치를 잃지 않도록 정상적인 수질을 가져야 한다.

저질 조건은 단지 생물 환경으로서의 요구 영역 이외에 인공어초 시설의 보존 및 어로 활동에 수반되는 어구·어법 활동에 지장을 주지 않아야 한다. 인공어초의 매몰 방지 관점으로부터 고려한 적지로서는 매몰의 위험성이 적고, 시설 후 세굴이 쉽게 일어나지 않는 곳이 적당하다. 그리고 어초의 매몰 방지 관점으로부터 저질 조건을 고려하면, 패각질이나 소형 돌이 섞인 조사대(粗砂帶)는 매몰 우려가 매우 적다. 한편 사니질역에서는 인공어초의 저면 주변부에 세굴이 일어날 우려가 크지만, 조류나 저질 조성 등의 조건에 따라서 반드시 매몰이 진행된다고 단언을 할 수 없다. 그러나 조류가 빠르고 저질이 세사대(細砂帶)인 곳에서는 단기간에 매몰될 우려가 크다.

유동 환경의 측면에서는 흐름이 다양하게 변하는 장소가

바람직하며, Ⅰ형 어류를 대상으로 하는 경우 용승류 혼합역에 접속하는 체류역에서 플랑크톤과 벤토스 등 먹이 생물이 풍부한 곳이 좋다. Ⅱ형 어류에서는 먹이 생물의 환경 이외에 수괴의 변동을 고려해야 한다. 즉, 수온 및 염분의 일조 변동이 작은 곳이 바람직하다. 일례를 들면, 내부 조석이나 내부파의 수렴 장소가 인공어초의 시설 적지로서 좋은 곳이다. Ⅲ형 어류는 특히 수괴 운동에 민감하게 반응하기 때문에 색이와 도피 행동을 제외하면 보통은 수괴에 정위하므로 이들을 대상으로 하는 경우 수괴의 규모가 큰 해역일수록 좋다. 등온선이 아주 밀집된 해역은 수괴의 소장이 심한 해역으로 Ⅲ형 어류의 체류를 기대할 수 없는 곳이다(佐藤, 1984).

3) 사회 및 경제적 조건

인공어초의 적지 선정 시 대상 해역의 연안 어업에 대한 실태와 문제점을 명확하게 하여 문제점을 해결할 수 있는 인공어초 어장의 역할을 검토할 필요가 있다. 또한, 조성하고자 하는 어장은 대상 해역의 연안 어장 이용에 대해서도 효율성을 가져야 한다. 그 때문에, 대상 해역의 산업 구성, 그 중에서도 인공어초의 사업이 어느 위치에 있는가를 명확히 하여, 그것의 시설로 인해 개선되어야 할 목표를 설정하기 위해 시설 해역의 산업별 취업자 수의 추이, 취업자 1인당 소득액 및 대상 해역 연안 어업의 개황에 대한 통계 자료의 해석, 설문조사, 청취 조사 등을 실시해야 한다(日本全國沿岸漁業振興開發協會, 1986). 이들 결과로부터 인공어초 시설 예정 해역별 소득분포 등을 분석하여 평균 소득이 낮은 해역에 인공어초를 시설함으로써 일정 수준까지 소득을 끌어 올릴 수 있는 곳을 인공어초의 시설 해역으로 결정하는 경우가 많다. 그러나 인공어초의 시설 적지 선정 기준은 인공어초 시설 사업의 특성에 따라 달리 정해질 수도 있다.

참고문헌

日本水産資源保護協會, 1976. 人工魚礁 理論と實際 I, pp. 46－54.

日本全國沿岸漁業振興開發協會, 1986. 沿岸漁場整備開發事業 人工魚礁漁場造成計劃指針, pp. 5－47.

佐藤 修, 1984. 人工魚礁. 恒星社厚生閣, 東京, pp. 46－52.

제 8 장 인공어초의 규모와 배치 형태

1. 단위어초의 배치 간격

인공어초 어장은 <그림 8 - 1>과 같이 단위어초, 어초군, 어초대의 형태로 구성되며, 단위어초는 어초단체 1개 또는 복수개로 구성된다. 어초군은 단위어초가 일정한 간격으로 배치되는 어장을 말하며 어초대는 어초군의 복수개로 조성된 어장을

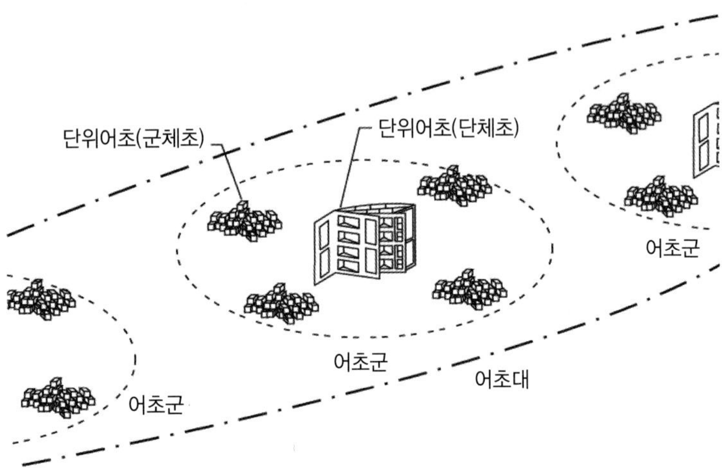

〈그림 8-1〉 인공어초의 배치 형태.

나타낸다. 여기서 어초단체는 인공어초 어장을 조성하는데 이용되는 1개의 구조물을 말한다.

단위어초를 복수로 배치하여 어초군 어장을 조성할 경우 단위어초의 배치 간격이 중요하다. 또한 인공어초를 설치하는 해역에 자연초나 기존의 인공어초가 존재할 경우는 단위어초의 규모와 위치 관계를 검토하는 것이 중요하다(日本全國沿岸漁業振興開發協會, 2000). 기존 어초와 생물적인 관련을 갖도록 하여 시설할 경우는「기존 어초의 기능적인 확대 및 보완」또는「어장의 확대」를 생각 할 수 있다. 예를 들면,「기존 어초의 기능적인 확대 및 보완」은 높이가 낮은 암반으로 형성된 자연초 가까이에 어느 정도의 높이를 가지고 있는 인공어초를 설치하여 과거에는 대상이 되지 않았던 저어류나 부어류의 위집 장소를 만들어 주는 경우가 있다. 그리고「어장의 확대」의 경우, 어군 또는 어선의 수용량이 부족한 기존 어초 부근에 새롭게 인공어초를 설치하여 어장 면적을 확대해 주는 것이다. 어느 경우라도 기존 어초의 규모, 시설 상태, 위집 생물, 어업 이용 상황 등을 상세하게 조사하여 인공어초를 설치할 경우 이들 어초 모두 생물적인 상호 작용을 통해 사업 효과를 높일 수 있도록 검토해야 한다. 어군 탐지기나 바이오텔레메터리(biotelemetry)에 의한 조사 결과에 의하면, 어군은 상당히 활발한 일주성을 가지고 이동을 하는 것으로 나타났으며, 넙치나 참돔 등은 단위어초 간에 빈번한 이동을 하였다. 또한 쥐노래미 등도 단위어초 간에 빈번히 이동하는 점 등을 고려하여 볼 때, 이들 어종의 생활 행동권은 수 km의 거리를 갖는 것으로 생각 된다(柿元, 1985). 따라서 단위어초를 생물적으로 상호 관련시켜 일정 거리 내에 배치함으로써 넓은 범위의 어군을 위집시켜 단위어초 간의 어장화를 도모하거나 수역 내에서 어군의 체제 기간을 장기화 할 수 있다. 저자망에 의한 단위어초 주변의 어류 분포 상황을 조사한 결과에 의하면, 단위어초 주변뿐만 아니고 단위어초 간에도 어초성이 강한 Ⅰ, Ⅱ형 어종을 위집시키는 어장을 조성하기 위해서는 대상 어종의 생태적 특성에 따라 최대한 200m 이내의 간격으로 단위어초를 배치하는 것이 바람직하다. 더욱이 그들 어군을 고밀도로 위집시키기 위해서는 단위어초를 보다 근접 간격으로 배치할 필요도 있다. 유영력이 강하고, 행동 범위가 넓은 Ⅲ형 어류와 주위의 저질 분포와 밀접한 관계를 갖는 넙치 등의 어종에 대해서는 환경 조건과의 관계를 검토하여 약간 넓은 간격으로 배치하는 것이 좋다. 단위어초로부터 발생되는 생물음(生物音) 등을 감지할 수 있는 거리는 수 백 m로 생각된다(日本資源保護協會, 1976). 또한 바이오텔레메터리 조사에 의하면, 참돔, 넙치, 방어 등은 900m 이내에 있는 단위어초로부터 다른 어초로 이동하므로 단위어초에 어군을 유도하는 기능을 갖게 할 경우 최대 1,000m 이내에 배치하는 것이 필요하다. 그러나 흐름과 직각 방향으로 단위어초를 배치하거나 보다 많은 어종을 위집하기 위해서는 어종과 환경 조건을 고려하여 그것을 보다 근접시켜 배치하는 것이 확실성이 높다고 할 수 있다. 또한 기존의 자연초나 인공어초와 관련이 없는 인공어초를 새롭게 시설할 경우에는 기존의 어초 및 새롭게 시설하려고 하는 인공어초의 규모, 해저 지형, 흐름 등을 고려하여 적어도 1,000m 이상 떨어져서 배치하는 것이 필요하다. 기존 어초와 새롭게 시설하는 인공어초와의 거리는 기존 어초에 의해 형성되어 있는 조성 어장의 면적이 필요 충분한지의 여부를 통해 판단해야 한다. 즉, 기존 어초를 이용하고 있는 어업의 종류나 어선 수 등의 측면으로부터 새로운 어장이 필요한 경우에는 필요로 하는 어장 면적이 확보될 수 있도록 신규 어초와 기존 어초의 어장 거리를 산정해야 한다. 한편, 기존 어초에 의한 어장 면적에 대하여 동시에 조업하는 어선 수가 적다는 점 등의 이유로 기존 어초의 생산성을 높이는 편이 유리한 경우는 기존 어초와 신규 어초의 효과 범위를 중복시켜 어업 생산의 증대를 도모해야 한다. 또한, 효과 범위를 중복시키더라도 어획 효과가 상쇄되지 않도록 해야 한다. 예를 들어 대형 단위어초 1개를 단독으로 설치할 경우와 2개를 50m 간격으로 설치할 경우, 말쥐치의 단위 체적당 분포량은 근접하여 설치한 2개라도 1개와 차이가 없다고 보고하고 있다(高木, 2000).

인공어초의 효과는 그것을 구성하는 구조물 자체에 의해서 발휘되며, 어획 효과의 범위는 인공어초의 효과에 의해 위집 및 보호·육성된 수산 생물이 어획되는 주요한 범위이기 때문에 새롭게 시설된 인공어초의 효과는 새롭게 형성된 어장 내에서 단순히 기존 어초의 효과를 상승시킨다고 생각할 수 있다. 따라서 신규 어초의 비용 대비 효과 산정 시 어획 효과의 범위는 중복으로 산정할 필요가 없다. 또한 기존 어초의 침설 위치가 아주 좋거나 새로운 어장을 확보할 필요가 없다면 기존 어장에서의 어업 생산성의 증대를 도모하는 것이 어선의 항해 시간 단축 측면에서도 유리하다. 기존 어장에서의 어업 실태에 기초하여 어획 효과 범위의 설정을 충분히 검토하여 필요 이상으로 어장 면적을 확대시키지 않도록 주의해야 한다. 또한 인공어초의 효과 범위를 중복시킬 경우라도 기존 어초에 대한 개량의 여지가 없으면, 신규 어초의 설치 범위는 기존 어초의 설치 범위에 근접시키더라도 중복이 되지 않도록 해야 한다. 그러나 이미 설치된 인공어초의 높이, 어초단체의 배치 밀도 등에 의해 개량의 여지가 있거나 근본적으로 새로운 구조의 인공어초로 교체할 필요가 있으면 기존 어초의 설치 범위에 새로운 인공어초를 설치해야 한다. 이 경우에도 신설 어초의 효과는 단순히 기존 어초의 그것을 상승시킨다고 생각해도 좋다.

2. 환경 조건과 단위어초의 배치

1) 수심

생물의 연직 방향 분포는 종과 발육 단계, 수온이나 계절에 따라 변한다. 대부분의 경우에는 일정 범위의 수심대나 수온대에 분포한다. 따라서 단위어초는 어도가 형성되는 수심대에 설치되어야 하며, 단위어초의 설치 수심을 선정하는 경우 종의 발육 단계, 계절, 수온의 연직 분포 등에 의해 변하는 유영 수심도 검토할 필요가 있다.

2) 저질

인공어초 어장의 조성 시에는 시설의 안정성과 안전성이라는 측면에서 해저의 연약 지대나 표사(漂砂)가 발생하는 해역은 피하여 인공어초를 배치해야 하며, 세굴이나 매몰이 발생하기 어려운 구조의 어초단체가 설치되어야 한다. 저질은 인공어초 시설의 안전성뿐만 아니라 생물의 분포에도 크게 영향을 미치고 흐름 및 생물과 밀접한 관계를 가지고 있기 때문에 종합적으로 판단할 필요가 있다. 예를 들면, 대부분의 어업인들에게는 패각이 혼합된 사질역이나 서로 다른 저질의 경계 부분이 참돔의 호적 어장으로 알려져 있다.

3) 유황(流況)

해안 및 해저 지형의 변화는 흐름을 크게 변화시킬 뿐만 아니라 그것의 형상에 따라서는 와류역, 반류역, 용승류 등을 형성하여 생산력이 높은 어장을 만든다. 또한 흐름은 수괴 배치, 수온 분포, 풍향, 해저 지형, 지구 자전 등에 의해서 변하지만, 어군은 흐름을 이용하여 이동하는 경우가 많다. 따라서 해당 수역의 유향 변화를 상세하게 파악하고 대상으로 하는 종의 이동 방향, 이동 수심 등을 예측하여 그것에 대응하는 방향으로 단위어초를 배치할 필요가 있다.

흐름의 방향을 따라 배치된 어초군은 단위어초를 지나 이동하는 어군을 장시간 그 구역 내에 머무르게 할 수 있다. 흐름과 직각이 되도록 배치된 어초군은 어군이 어초군과 만나는 확률을 높일 수 있다. 또한 유향이 변하지 않는 장소에서는 각 주류 방향에 대하여 오각형 또는 Y자형으로 단위어초를 배치하면 어군의 조우율(遭遇率)을 향상시키고 어군의 유도 효과를 높일 수 있다.

4) 생물적 환경 조건

인공어초는 먹이장의 기능을 가지고 있기 때문에 대상으로 하는 종의 먹이 생물이 분포하는 장소에 생물을 위집할 수 있는 구조가 되도록 인공어초를 설치해야 한다. 즉, 먹이 생물을 고려한 인공어초의 구조 선정과 배치가 필요하다. 이를 위해서는 대상으로 하는 종이 그 수역에서 이용하고 있는 먹이 생물의 종과 조성, 그들의 분포 상태 등을 조사하여 인공어초의 설치에 의해서 먹이 생물의 발생과 위집이 촉진될 수 있도록 단위어초를 배치해야 한다. 또한 인공어초는 은신 기능을 부여하고 있기 때문에 먹이를 둘러싼 경합 생물과 포식자인 천적 생물의 분포가 될 수 있는 대로 좁은 장소에 생물이 위집되지 않도록 단위어초를 배치하는 것이 바람직하다.

3. 어구 · 어법과 단위어초의 배치

단위어초의 배치 형태를 결정하는 경우 무엇보다도 대상 어종을 위집시키는 것이 중요하지만, 어구의 파손 방지나 인공어초 시설의 안전성 확보 등 이용의 용이성을 고려할 필요가 있다. 연승 또는 저자망과 같이 어떤 방향에 따라 투망 및 양망 작업이 이루어지는 어법의 경우 대상 어장으로 많이 이용되고 있는 조업 방향을 따라 일정 크기의 폭과 길이를 갖는 「분산 배치형」이 적당하다고 할 수 있다. 외줄낚시나 연승의 경우에는 가능한 한 어구가 인공어초에 걸리지 않도록 부설하는 것이 좋지만, 인공어초에 어구가 걸려서 유실된 경우에도 어구의 규모가 작기 때문에 큰 비용이 들지 않으므로 단위어초의 구조는 어군 위집의 주체로 생각해도 좋다. 따라서 인공어초의 주변에 어군을 농밀하게 위집시켜 효율적으로 조업하는 것이 작업의 능률이 높아서 합리적이며, 단위어초의 배치 형태는 <표 8-1>에서와 같이 어군을 분산시키지 않는 「집중 상적형」이 적합하다. 인공어초에 많이 분포하는 참돔, 붉돔 등을 대상으로 하는 외끌이 및 쌍끌이 기선저인망에서는 인공어초 부근에 어구를 투망하여 양망하는 경우가 많기 때문에 단위어초는 어초단체를 정연하게 침설하는 단순한 형상의 「집적 배치형」이 적합하고, 또한 조업에 지장이 없는 적절한 간격으로 단위어초를 배치하는 것이 필요하다. 한편, 인공어초의 상층과 중층에 위집되는 전갱이, 고등어 등을 대상으로 하는 선망에서는 해역에 따라서 어군을 어초역으로부터 어구의 투망 가능한 어초역 밖까지 집어등으로 유도하여 어획하는 경우를 고려해 볼 때 「집적 배치형」이 보다 적합하고, 이 경우 유도 중에 어군이 흩어지지 않도록 하기 위해 인공어초 부근에 그물의 투망이 가능한 장소를 확보할 필요가 있다.

〈표 8-1〉 어법과 단위어초의 배치 방법(日本全國沿岸漁業振興開發協會, 2000)

어법	배치 방법
외줄낚시, 연승	집중 상적형
연승, 저자망	분산 배치형
외끌이 및 쌍끌이 기선저인망, 선망	집적 배치형
기선 저인망	어구 걸림 방지형

4. 인공어초의 규모와 배치 조건

인공어초 어장의 조성 규모는 시설 예정 해역의 유도 목표를 달성하는데 필요한 어장의 부족분과 대상 생물의 위집 가능량의 두 가지 측면에서 검토되어야 한다. 어장의 부족분은 대상 어업 종류별 어선 척수, 출어 일수, 일당·척당 어획량, 기존 어장의 어선 수용 능력 등으로부터 추정한다. 이를 위해서는 대상 어업의 종류별 경영 실태로부터 일당·척당 필요 어획량과 금액을 산출하여 기존 어장의 일당·척당 어획량과 어선 수용력이 새로운 어장 조성 시 어떻게 변하며, 앞에서 언급한 필요 어획량과 금액을 확보하기 위해서는 얼마만큼의 어장이 필요한가를 검토해야 한다.

어장의 규모는 먼저 어선의 수용 능력으로부터 면적을 산정하고, 대상 생물의 행동, 생태 특성, 대상 어법의 조업 형태 등으로부터 단위 면적당 인공어초의 필요량을 검토하여 결정해야 한다. 또한, 조성된 어장에서 기대하는 수준의 일당·척당 어획량이 확보되도록 자원량의 내유 또는 증식의 가능성에 대해서도 검토해야 한다. 이와 같이 검토한 후 사업비와 편익액으로부터 투자 효율의 타당성을 검토하고 필요한 단위어초의 규모를 결정해야 한다. 그것의 규모가 결정되면 어떤 형태로 시설할 것인가가 중요하다. 즉 인공어초의 시설 높이, 중첩 상태, 집적 또는 분산 시설, 평면적 등은 인공어초 어장의 생산성 증대에 중요한 요소이다.

1) 인공어초의 시설 높이

침설 어초의 높이는 대상 해역과 대상 어종에 따라 다르다. 즉, 저서성 어류의 경우 2~3단 정도의 높이가 적당하다고 알려져 있으나, 현장 조사 결과에 의하면 4~5단 정도 중첩된 경우도 있다. 인공어초를 여러 단의 높이로 시설하기 위해서는 한 곳에 집중적으로 투입해야 하지만, 이 경우 부착 생물이 대량 서식하는 상적 어초의 내부에는 용존산소와 조도가 낮아져 어류의 위집에 영향을 미칠 수가 있다(宇野, 1966).

볼락의 경우 34~52lx의 조도에서 가장 많이 위집되며, 조도가 약 10lx 이하가 되면 인공어초에서 서식하는 어군이 다른 곳으로 이동한다고 알려져 있다(日本神奈川縣水指內灣支所, 1960). 저서성 어류에 있어서도 어종 및 시설 해역에 따라 인공어초의 높이와 위집량의 관계가 다른 경우가 많다.

柿元(1968)에 의하면, 동해에 서식하는 넙치, 조피볼락, 쥐노래미 등 저서성 어류를 대상으로 하는 경우, 인공어초를 집적하여 시설하는 것보다 어느 정도 분산시켜 시설하는 것이 바람직하나, 일본 홋카이도에서는 그것을 집적하여 시설하는 것이 효과가 높다고 하였다. 따라서 저서성 어류를 대상으로 할 경우에는, 2단 이상의 인공어초 높이는 어류의 위집에 그다지 중요한 요소가 되지 못하며, 평면적으로 가능한 한 넓게 시설하여 어느 정도의 면적을 확보하는 것이 유리하다고 할 수 있다.

또한 柿元(1968)은 전갱이, 고등어 등의 회유성 어류를 대상으로 하는 경우 인공어초의 시설 규모, 넓이, 높이 등을 크게 하는 것이 집어 효과가 있다고 하였다. 그리고 三好(1964)에 의하면, 전갱이, 고등어 등 회유성 어류의 집어를 위해서는 수심에 대한 인공어초의 높이 비율이 10% 정도가 바람직하다고 하였다. 왜냐하면, 회유성 어류는 저서성 어류보다 내유 어군량은 많지만, 체류 시간이 짧기 때문에 어군을 유치하여, 그것의 체류 시간을 연장시키기 위해서는 인공어초를 어느 정도 상적하여 시설하는 것이 중요하다. 그렇지 않으면 처음부터 높이가 높은 인공어초를 시설하여 인공어초의 자극이 입체적으로 작용하도록 하는 것이 바람직하다.

2) 인공어초의 시설 면적

여기에서 인공어초의 시설 면적은 평면적으로 분산시켜 시설하는 것을 의미한다. 침설 어초의 경우 일정 해저 면적에 대해 간격을 두지 않고 어초를 시설하는 것과 어초단체 혹은 소규모 어초에 의해 형성되는 생물의 유효 공간을 단위로 하여 일정 해역의 면적 내에 간격을 두고 그것을 배치하는 것을 의미한다. 후자는 인공어초와 그 배치 조건이 동일하다면 단위 면적당 집어 효과는 전자와 거의 동일하다고 할 수 있으므로 인공어초의 평면적 유효 공간이 형성될 때에는 그것을 밀집시켜 시설하는 경우보다 유리할 것이다. 전자의 예에서는 인공어초를 서로 밀집시켜 시설할 경우, 그것의 측면이 표면적의 증가에 영향을 주지 못할 뿐만 아니라 해수 유동에 대한 저항 벽면의 효과가 낮아지게 된다. 이것은 결과적으로 생물에 대한 자극의 발생 기능을 현저히 떨어뜨리게 된다.

인공어초의 규모로서 넓이는 대상 어종 및 집어량의 크기에 따라 다르며, 수량적으로 나타내는 것은 거의 불가능하다.

그러나 인공어초를 이용하는 조업 어선 수 및 어구·어법상 요구되는 평면의 넓이가 있으며, 이 경우에는 수치화된 면적으로 나타낼 수 있다. 일반적으로 대규모 어군이 형성되기 쉬운 회유성 어류에 대해서는 인공어초의 높이와 함께 어군의 크기에 대해서도 충분히 대응할 수 있는 평면적 넓이가 있어야 한다.

단위어초의 구조는 Ⅰ형 어류의 경우 겉 용적이고 Ⅱ형 어류의 경우 포락(炮烙) 면적이며, Ⅲ형 어류의 경우 높이를 고려한다. 그리고Ⅰ, Ⅱ형 어류를 대상으로 포락 면적을 크게 하기 위해서는 인공어초를 분산 배치하는 것이 유리하다. 그러나 인공어초를 너무 분산시켜 시설하면 그것에서 유발되는 환경 자극도 분산되어 효과가 감소되기 때문에 평면적 시설 면적(넓이)은 해저에 시설된 인공어초 투영 면적의 20배 이내가 바람직하다고 할 수 있다(日本全國沿岸漁業振興開發協會, 1986). 따라서 20배의 투영 면적 개념을 고려하여 단위어초의 조성 면적 S(m²)를 구해 보면, 단위어초 J(공m³)를 한 변이 a(m)인 사각형 어초로 조성할 경우, 분산 반지름 r(m)은 다음 식으로 구할 수 있다.

$$S = \frac{J}{a^3} \times a^2 \times 20 = \frac{20J}{a} \tag{8.1}$$

$$r = \sqrt{\frac{20J}{\pi a}} \tag{8.2}$$

예를 들면 J=400공(空)m³이고, a=2.0m인 사각형 어초의 경우, S=4,000m²이고, r=약 36m가 한계의 크기가 되며, 그 이상 분산되면 인공어초 어장의 효과는 떨어지게 된다. 이 경우에 있어서도 인공어초의 높이는 5m 이상이 될 정도로 집중시켜 시설할 필요는 없고, Ⅲ형 어류를 대상으로 할 경우 인공어초의 시설 높이는 수심의 10% 정도로 하는 것이 적당하다고 판단된다(日本全國沿岸漁業振興開發協會, 1986).

실제 어장의 조성 규모를 산정하기 위해서는 인공어초 시설 예정 해역의 대상 생물 자원 및 생태뿐만 아니라 대상 어구도 고려해야 한다. 먼저 패류초의 조성을 위해 전복초를 시설할 경우에 필요한 조성 면적을 구해 보면, 연간 전복의 증중량을 1,000톤으로 할 경우 전복의 먹이 전환 효율과 전복의 생잔율이 각각 0.07과 0.7이면 필요한 해조류량은 49톤이 된다. 따라서 시설된 인공어초가 단위 면적(m^2)당 4.0kg의 해조류 생산이 가능하다면 49톤의 해조류를 생산하는데 필요한 표면적은 12,250m^2가 된다. 예를 들어 반구형 어초(ϕ1.3×2.0m)의 경우 표면적이 6.87m^2이므로 필요한 인공어초의 수는 1,783개가 된다.

한편, 성어를 대상으로 하는 어획용 어초의 경우 증산량을 20톤, 인공어초 어장의 공m^3당 어획량을 2.0kg이라 하면, 사업량(어장 조성의 규모)은 10,000m^3가 된다. 따라서 상자형 콘크리트 어초(3×3×3m)를 시설할 경우, 필요한 인공어초의 수는 약 370개이다. 여기서 증산량은 다음과 같이 구할 수 있다(日本宮城縣, 1986).

증산량 = 어종별 인공어초 어장의 CPUE − 일반 어장의 CPUE (kg/어구 사용 폭수) × 척당 노력량(어구 사용 폭수/척) × 조업 일수(일/년) × 조업 척수(척/일)

3) 인공어초의 단체 또는 어초군 간의 거리

인공어초에 어류가 위집하는 경우 그것에 접촉하거나 매우 가까이 접근하는 어류(Ⅰ형 어류)를 제외하고는 그것의 주변부에 위집(Ⅱ형 어류)하거나 그것에서 다소 떨어진 표·중층에 모여드는(Ⅲ형 어류) 등 어초성에 따라 위집하는 위치가 다르게 된다. 따라서 시설하고자 하는 인공어초는 용적만이 어류를 위한 유효 공간이 될 수 없으므로 인공어초 주변의 생물 유효 공간을 최대한 늘리기 위해서는 어초단체 또는 어초군 간의 유효 공간을 확보하는 것이 중요하다.

단위어초의 설치에 의해 형성되는 어장의 면적은 Ⅰ, Ⅱ형 어류에서는 단위어초의 가장자리에서 약 200m, Ⅲ형 어류에서는 300m가 바람직하다(日本水産資源保護協會, 1976).

4) 자연초와 상호 관계

연안 해역에는 어장으로서 좋은 자연초가 존재하며, 그것의 높은 생산성은 어업인들에게 잘 알려져 있다. 자연초의 종류에는 지각 구조의 변동에 기인한 거초(居礁), 화산에 유래하는 화산초, 산호 등에 의한 생물초 등이 있으며, 그것의 규모는 현재 시설되고 있는 인공어초에 비해 매우 크다. 자연초가 어장의 형성 요인으로서 열거되고 있는 특징으로서는 지형의 변화를 들 수 있으며, 다면(多面) 지형의 경우 해저선이 융기되고 평면 지형의 경우에는 융기부의 형상이다. 해저 지형의 변화는 해역의 모든 환경, 특히 수괴의 환경을 연속적 혹은 불연속적으로 변화시켜 2차적으로 생물 서식 환경에 필요한 특별

장소를 만들어 주는 역할을 한다.

수괴 환경의 변화는 주로 자연초의 규모에 의해, 그리고 변화의 질은 그것의 위치나 형상에 의해 영향을 받는다. 수괴의 변화는 직·간접적으로 불문하고 수산 생물에 대한 자극원이 되며, 그것에 대한 반응 행동은 연쇄적으로 볼 수 있다. 앞에서 언급한 것과 같이 침설 어초 등 인공어초의 설치 목적은 해저 지형의 변화를 추구한다고 할 수 있다. 그러나 인공어초를 단독으로 시설하는 경우에는 자연초와 같은 어업 생산성을 기대하기 어렵기 때문에 시설량이 적은 경우에는 자연초와 보완 관계를 유지할 수 있도록 해야 하며, 시설량이 많을 경우에는 일정한 거리를 유지하여 시설하는 것이 효과 측면에서 바람직하다(日本水産資源保護協會, 1976).

5. 인공어초의 배치 형태

인공어초 어장을 조성하기 위해서는 해역의 특성과 대상 생물을 고려하여 기능성 어장이 되도록 해야 한다. 패류를 대상으로 할 경우에는 패류 자원, 해조류를 대상으로 할 경우에는 해조류 자원, 유·치자어의 보호 육성 또는 친어를 대상으로 할 경우 등 각각 대상 자원의 생태적 특성을 고려하여 인공어초의 배치 형태를 설계하여야 한다.

인공어초의 배치 형태와 관련해서는 패류 자원을 대상으로 할 경우 주위에 암반이 없는 곳에서는 <그림 8-2>에서와 같이 인공어초를 서로 연계하여 병렬로 시설하는 것이 바람직하다. 그러나 암반이 있을 경우 암반과 조합시켜 그것을 분산 배치해도 좋을 것이다. 유·치자어용 보육초나 미성어 육성초는 내부 구조가 복잡한 것을 시설해야 하며, 그것의 시설 간격은 시설 높이의 6배가 넘지 않는 것이 바람직하다. 친어 보호초의 경우 대상으로 하는 친어의 산란 생태에 적합한 구조의 인공어초를 시설해야 하며, 부착란을 산란하는 어류의 경우 표면적이 넓은 구조, 부성란의 경우 조류 등에 의해 일산(逸散)되지 않는 구조가 바람직하다. 이와 함께 난에서 부화한 자·치어가 서식할 수 있는 보육용 어초도 친어용 어초와 함께 병행하여 시설하는 방법도 고려할 필요가 있다.

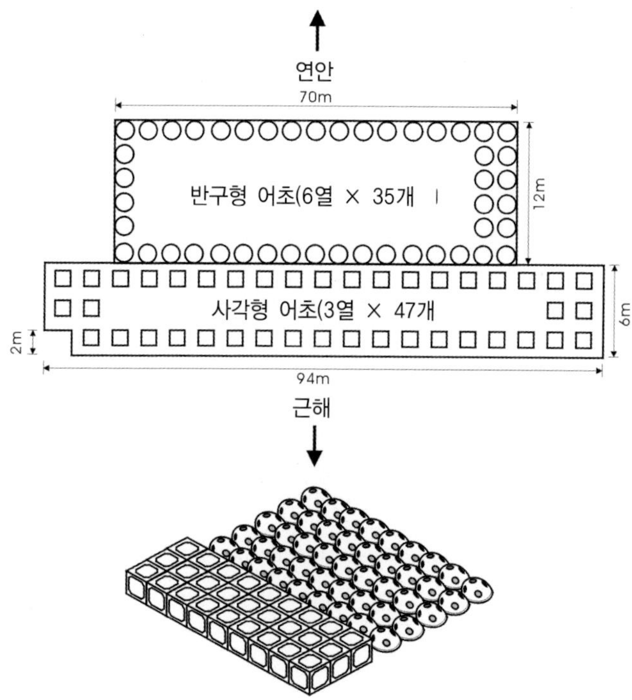

〈그림 8-2〉 패류 자원 조성용 어초 배치 형태의 예(김 등, 2000).

한편, 조피볼락, 볼락, 참돔의 경우에는 어초단체를 <그림 8-2>에서와 같이 평면적으로 연속하여 배치하면 위집 및 어획 면에서 효과가 클 것으로 생각된다(日本山形縣, 1983). 외줄낚시나 연승의 경우 어군 탐지기로써 인공어초에 대한 어군의 반응을 보면서 조업하며, 조업 선박이 인공어초의 시설 해역

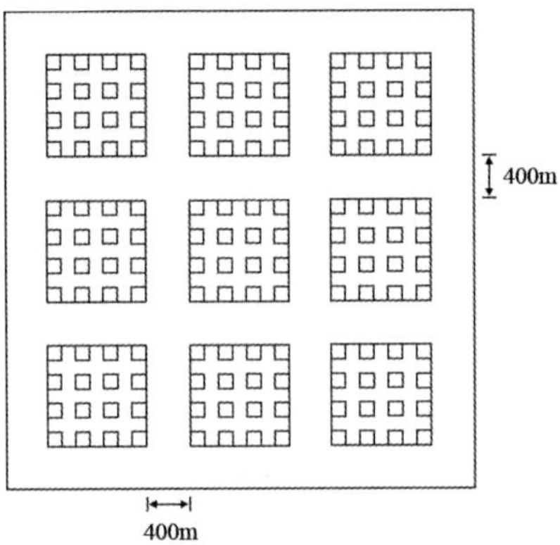

〈그림 8-3〉 어초군의 바둑판형 배치 형태의 예(김 등, 2000).

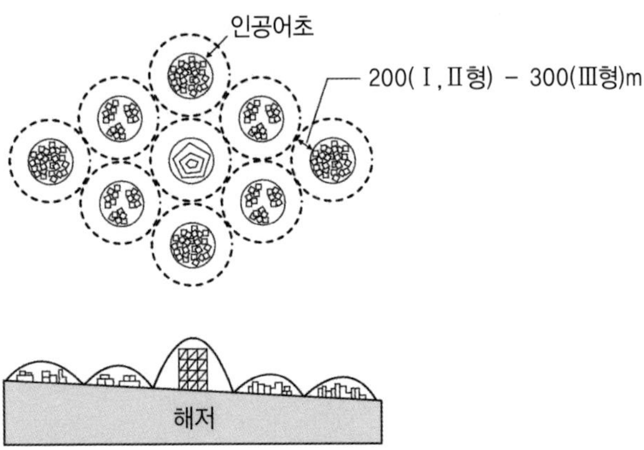

〈그림 8-4〉 어초군의 다이아몬드형 배치 형태의 예.

으로부터 멀어지게 되면 다시 그곳으로 돌아가 조업을 해야 하기 때문에 어초군 조성 시에는 <그림 8-3> 및 <그림 8-4>와 같이 인공어초를 평면적으로 넓게 시설하는 것이 좋을 것이다. 연승의 경우 인공어초로부터 100m 이내에서 많이 조업하고 있기 때문에 단위어초 간의 간격도 되도록 좁게 하는 것이 바람직하다. 어초군 내에서 단위어초 간의 거리는 조피볼락과 같이 Ⅰ형 어류의 경우 400m이고 방어와 같이 Ⅲ형 어류의 경우에는 600m로 해야 효과가 있다고 알려져 있다. 그러나 인공어초의 규모를 고려하는 경우 기존 자원을 증강시키는데 역점을 둘 것인가, 혹은 현재 고갈되어 있는 자원의 방류를 통해 적극적으로 조성할 것인가, 양자를 모두 고려할 것인가를 결정해야 한다. 특히 전자의 경우 참돔과 같은 어종에서는 <그림 8-5>와 같이 계절 회유를 많이 하기 때문에 어도 상에 인공어초를 배치하면 자원의 증강을 기대할 수 있

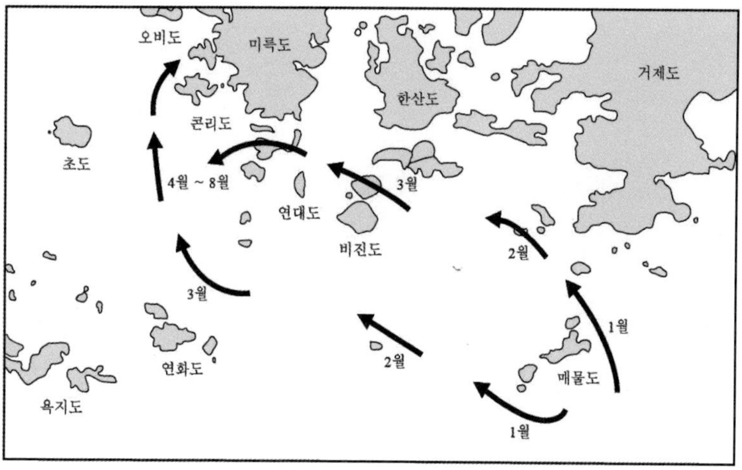

〈그림 8-5〉 통영 연안에서 참돔(*Pagrus major*)의 회유도(김 등, 2000).

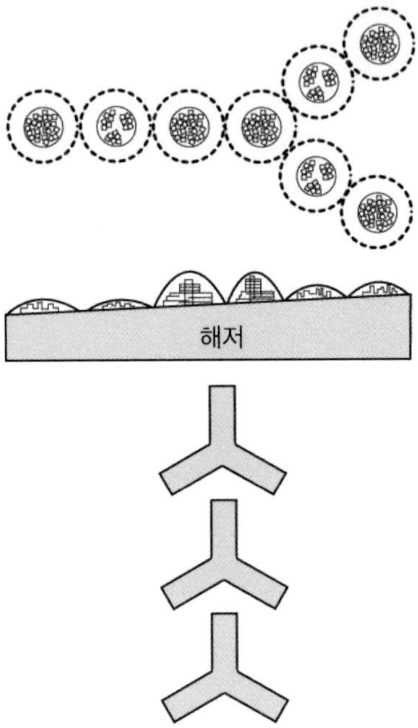

〈**그림 8-6**〉 어초군의 깔때기형 배치 형태(김 등, 2000).

을 것이다. 이와 같은 목적에 적합한 인공어초의 배치 형태로는 <그림 8-6>과 같은 깔때기형이 바람직할 것이다.

인공어초의 종류에 따른 배치 형태와 관련하여 소형 어초(높이가 3m 이하)와 대형 어초(높이가 3m 이상)를 병행하여 시설하거나 강제 어초와 콘크리트 어초 또는 <그림 8-7>에서와 같이 강제 침선 어초와 콘크리트 어초를 조합하여 시설하는 것도 좋은 방법일 것이다. 따라서 인공어초의 최적 배치 형태는 별도의 조사를 수행한 후 현장 여건에 맞게 탄력적으로 결정되어야 한다.

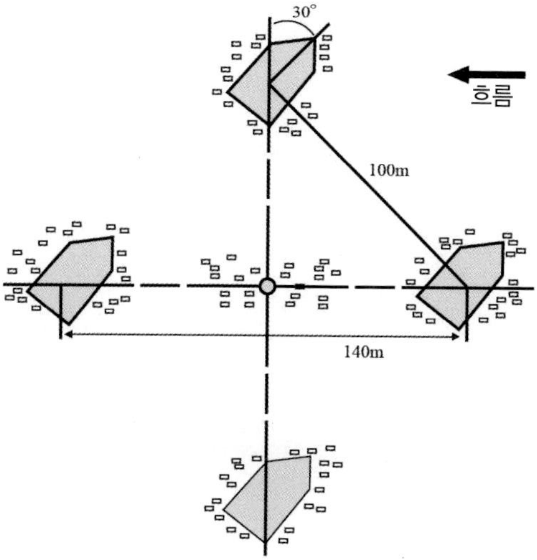

〈그림 8-7〉 침선 어초와 콘크리트 어초를 조합한 인공어초 배치 형태의 예(김 등, 2000).

참고문헌

柿元 晧, 1968. 人工魚礁で漁獲した魚類の胃内容物について. 水産増殖, 16(1), 27-32.

柿元 浩, 大久大保見久 直政, 1985. 新潟県沿岸域における人工魚礁の総合的研究と事業. 新潟県水試研報, pp. 62-64.

三好 勝, 1964. 人工魚礁設置效果認定調査報告. 高知水試.

日本神奈川縣水指內灣支所, 1960. 魚礁效果調査報告(1960-1961年). pp. 32-37.

日本水産資源保護協會, 1976. 人工魚礁 理論 實際 I. p. 119

日本山形縣, 1983. 人工礁漁場造成事業調査報告書, pp. 95-104.

日本宮城縣, 1986. 宮城中部海域總合開發事業調査報告書, pp. 645-654.

日本全國沿岸漁業振興開發協會, 1986. 沿岸漁場整備開發事業 人工魚礁漁場造成計劃指針. pp. 35－45.

日本全國沿岸漁業振興開發協會, 2000. 沿岸漁場整備開發事業 人工魚礁漁場造成計劃指針. pp. 74－78.

高木儀昌, 森口朗彦, 木元克則, 新井健二, 蓮尾泰三, 中村英夫, 木村光一, 2000. 高層魚礁の開發と效果. 水工研技報(水産土木), 22, 1－14.

宇野 寛, 1966. 漁場造成面積について. 人工魚礁研究 5, 3.

김창길, 김호상, 정의철, 김재오, 손팔원, 김태호, 배봉성, 김성태, 하현철, 주재욱, 2000. 통영 해역 바다목장화 연구 개발 1차 보고서. 국립수산진흥원, 52 pp.

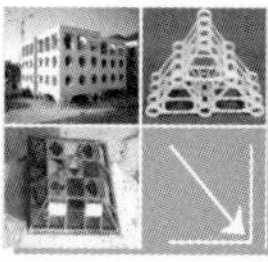

제9장 인공어초 시설

1. 인공어초의 시설 오차 분석

인공어초 시설 시 발생되는 오차에는 위성 측위 시스템(GPS, Global Positioning System)에 의한 오차, 부표 오차, 작업선 계류 위치의 오차, 작업선의 기울기에 의한 오차, 해·조류에 의한 오차 등이 있다(佐藤, 1984). 그러나 연안에 인공어초를 시설하는 경우에는 주로 GPS에 의한 오차, 부표 오차 및 작업선 계류 위치의 오차가 문제가 된다.

GPS는 기하학적인 삼각법에 의해 위치를 측정하는 기기로 정확한 위치를 알고 있는 위성에서 송신된 위성 신호를 수신하여 전파의 도달 시간을 측정함으로써 미지점(사용자)의 위치가 결정된다. 따라서 GPS는 기상과 관계없이 24시간 동안 위치 측정과 지리 정보 시스템(GIS, Geographic Information System) 자료의 실시간 취득이 가능하므로 고도의 신속성과 정확성을 확보할 수 있는 장점을 가지고 있다. GPS는 1950년도 후반에 미국 해군에서 개발된 이래 그 기능이 지속적으로 향상되어 왔다. 그러나 GPS는 원래 군사 목적으로 개발되었기 때문에 미국은 안보 차원에서 상대국의 GPS 사용을 제한하기 위해 C/A 코드에 인위적으로 제도 오차 및 시계 오차를 첨가하였다. 이로 인해 GPS에 상대적으로 오차가 발생되었는데, 그 범위는 수평 및 수직 방향의 경우 100m부터 150m까지이었다. 그러나 현재는 미국이 SA(Selective Availability)를 해제하여 그것의 수평 오차는 20m, 수직 오차는 30m 이내로 비교적 정확한 위치 정보를 얻을 수 있다.

부표 오차에는 위치 오차(GPS 오차), 기준 부표의 앵커 설치 작업 시 발생되는 오차, 조류 등에 의한 부표 오차가 있다. 그 중에서 가장 큰 오차는 조류 등에 의한 부표 오차이며, 이것을 줄이기 위해 부표와 앵커의 고정에 사용되는 밧줄의 길이는 보통 5% 정도 더 길게 준다. 이 경우 부표 위치는 <표 9-1>에서와 같이 인공어초 시설 수심의 2배 이상인 지름의 원주 상에 있게 되고 기준 부표를 목표로 하여 작업한 경우에도 인공어초의 설치 위치는 수심의 2배 정도의 범위에서 흩어지게 된다.

佐藤(1981)에 의하면, 작업선의 계류 위치에 의한 오차는 수심 100m에서 침설 어초 작업 시 이동 거리가 300m이고, 작업선에서 계류용 밧줄의 길이를 수심의 3배로 하여 2점 계류로 할 경우 그것의 길이는 <그림 9-1>에서와 같이 약 890m

〈표 9-1〉 수심별 밧줄의 길이와 부표의 진동 지름(佐藤, 1984)

수심(m)	50	70	100
밧줄 길이(m)	75	105	150
진동 지름(m)	112	150	224

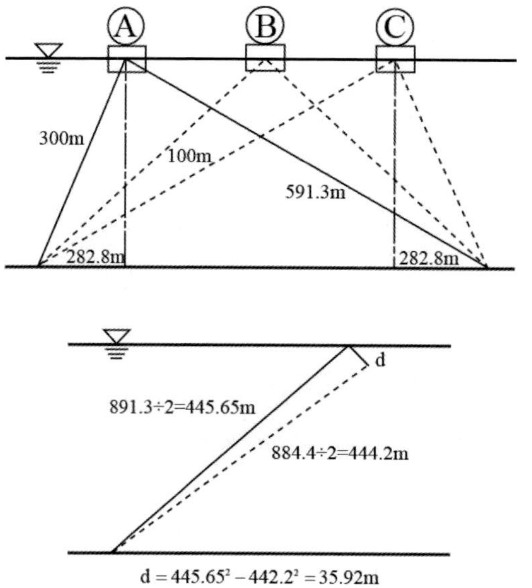

〈그림 9-1〉 2점 계류 시의 이동 폭(밧줄의 신장은 0). Ⓐ위치 때의 필요한 밧줄의 길이는 891.3m, Ⓑ위치 때의 필요한 밧줄의 길이는 888.4m(佐藤, 1984).

가 된다. 이 경우 앵커가 이동되지 않고 밧줄이 늘어나지 않는 조건에서 밧줄을 따라 이동하면서 작업한다고 하면, 중앙에서 앵커를 연결하는 직선으로부터 36m 옆으로 이동하고 밧줄의 신장률이 5%일 경우의 최대 이동 거리는 밧줄 길이의 0.16배인 142m가 된다고 하였다.

바다에는 어느 정도의 흐름이 있고, 흐름의 방향이나 세기가 수층마다 일정치 않는 등 복잡한 유황을 나타내는 경우가 많기 때문에 해·조류에 의한 오차가 발생할 수 있다. 따라서 자유 낙하 혹은 현수 거치에 의해 인공어초를 시설할 경우 흐름의 영향을 받아 인공어초가 어느 정도 수평 방향으로 밀려서 시설되게 된다.

2. 인공어초의 침설 작업 오차 범위

<표 9 - 2>는 인공어초의 침설 작업 시 300m 구간에 대해 2점 계류된 계류 밧줄을 따라 이동하면서 현수 거치 방법으로 인공어초를 달아매어 침설시키는 경우에 발생하는 오차를 나타낸 것이다. 이 경우 수심 50m에서 0.25, 0.5 및 1.0m/s의 각 유속 단계별 인공어초의 설치 오차는 부표의 진동 오차가 가장 크고 이것은 수심이 깊어짐에 따라 작업선의 계류 밧줄이 횡 방향으로 크게 이동하는 것을 나타낸다. 또한 수심이

〈표 9－2〉 현수 거치에 의한 인공어초의 침설 작업 시 오차 범위(반경)

구분 \ 항목	수심 50m			수심 70m			수심 100m			비 고
	유속(m/s)			유속(m/s)			유속(m/s)			
	0.25	0.5	1.0	0.25	0.5	1.0	0.25	0.5	1.0	
부표의 진동	56	56	56	78	78	78	112	112	112	밧줄의 길이 수심×1.5
작업선 계류	47	47	47	57	57	57	142	142	142	2점 계류 수심×3× 밧줄 신장 5%
작업선의 기울기	2.6	2.6	2.6	3.7	3.7	3.7	5.2	5.2	5.2	경사각 3°
유체력으로 인한 어초의 낙하 오차	0.9	3.6	13.9	1.3	5.1	19.5	1.8	7.2	27.8	현수 거치
계	106.5	109.2	119.5	140.0	143.8	158.2	261.0	266.4	287.0	

50m에서 100m로 깊어지고 유속이 0.25m/s에서 1m/s가 되면 인공어초 시설 시 발생되는 작업 오차는 약 100m에서 약 280m까지 커지게 된다. 그러나 수심이 100m이고 유속이 1m/s에서 발생되는 오차의 경우 현실적으로 현장에서 작업 시 거리 측정을 반복하면서 선위를 수정하므로, 실제로는 오차의 범위를 크게 줄일 수 있을 것이다.

또한, 자유 낙하의 경우 작업선의 크레인으로 인공어초를 매달아 해면에서 낙하시키는데, 부표를 목표로 하는 1점에 설치하는 경우가 많기 때문에 작업선의 계류 오차 및 유체력에 의한 인공어초의 낙하 오차는 소멸되는 반면, $\frac{1}{2}$분산에 의한 오차가 더해지게 된다.

이상에서와 같이 자유 낙하에 의해 인공어초를 설치하는 경우에 발생될 수 있는 오차의 범위를 계산한 결과를 정리하면 <표 9－3>과 같다. 오차 범위는 인공어초의 설치 방법, 설치 해역의 수심, 조류 등의 조건에 따라 다소 차이가 있을 수

〈표 9－3〉 자유 낙하에 의한 인공어초의 침설 작업 시 오차 범위(반경)

구분 / 항목	수심 50m			수심 70m			수심 100m			비 고
	유속(m/s)			유속(m/s)			유속(m/s)			
	0.25	0.5	1.0	0.25	0.5	1.0	0.25	0.5	1.0	
부표의 진동	56	56	56	78	78	78	112	112	112	밧줄 길이 수심×1.5
작업선의 기울기	2.6	2.6	2.6	3.7	3.7	3.7	5.2	5.2	5.2	경사각 3°
분산		33.8		35	35	35	50	50	50	자유 낙하
계	83.6	83.6	83.6	116.7	116.7	116.7	167.2	167.2	167.2	

있으나, 거치 방법에 따라 현수 거치에서는 수심의 2배, 자유 낙하에서는 수심의 1.5배를 각각 반경으로 하는 범위 내에 분산 설치될 가능성이 있다. 물론, 이들이 중첩되었던 요인 가운데는 엄밀하게 있을 수 없다고 생각되어지는 것이 있고, 복잡한 해상 조건 등을 종합적으로 고려한 것이 아니기 때문에 어디까지나 개념적으로 상정한 것도 있다. 따라서 인공어초 설치 시 우연 오차 또는 착오가 발생될 경우에는 당연히 오차 범위가 더 커지게 된다.

여기에서, 오차의 요인 비율을 유속 0.5m/s인 경우에 대해 살펴보면, 현수 거치에 의한 설치에서는 부표의 진동과 작업선의 계류에 의한 오차와 같은 2가지 요인만을 고려해 볼 때, 수심 50m에서는 77.8%이고 수심 70m에서는 80%이며, 수심 100m에서는 86.8%이다. 이에 비해 자유 낙하에 의해 인공어초를 설치하는 경우 부표의 진동과 분산에 의한 오차는 수심 50m에서는 75.9%이고 수심 70m에서는 80%이며, 수심 100m에서는 83.5%로 이들이 오차 발생의 큰 요인이 된다는 것을 알 수 있다. 그 가운데 부표의 진동 오차가 차지하는 비율이 현수 거치에서는 54%이고 자유 낙하에서는 67%로 양쪽 모두 1/2 이상이며, 앞에서 언급했던 표준 부표를 이것에 더해 설치하는 경우 작업선의 어긋남(1노트 이하의 느린 속도에서도 1분에 약 31m)을 상정하면, 그것만으로도 자유 낙하에서 계산한 오차의 범위와 거의 동일하게 된다. 그 외에도 계산에서는 침설 작업선의 규모(작업선의 폭과 크레인의 길이 및 성능)에 의한 오차도 포함되어야 하지만, 여기에서는 선박의 규모를 정할 수가 없기 때문에 이것을 제외하였다.

3. 오차 범위의 축소 목표

인공어초 설치 시 발생되는 오차 요인 가운데 가장 큰 것은 부표의 진동과 계류 오차이고, 작업선의 기울기와 거치 중 발생되는 조류에 의한 흔들림은 오차 범위가 작아서 수정하기가 매우 어렵다. 따라서 이들 오차 범위를 줄이기 위해서는 공사의 규모와 사양에 대응하여 사업의 기본인 기준 부표를 몇 점으로 할 것인가가 중요하고, 그 설치점이 실제 위치에서는 어디에 분포하고 있는가를 확인하는 것이 제일의 조건이다. 다음으로 기준 부표의 경우 어느 정도까지는 감각에 의해서 설치되고 있지만, 佐藤(1981)가 제안하고 있는 보조 부표를 사용하면 부표의 진동에 현혹되지 않고 앵커 블록의 위치를 알 수 있기 때문에 기준 부표의 위치를 확인하기 위한 보조 부표를 반드시 설치해야 한다.

발생 오차 가운데 가장 큰 부표의 진동으로 인한 오차를 줄이기 위해서는 수심에 대한 밧줄의 길이를 짧게 하면 어느 정도 해결할 수 있지만, 현실적으로 경비가 많이 들기 때문에 현재 거의 사용되지 않고 있다. 일본 홋카이도에서는 수심에 대한 밧줄의 길이 비를 20% 정도까지 해서 사용하고 있으나, 이 경우에도 수심 50m에서는 진동의 지름이 33m나 되고, 다른 요인까지 더해져서 1점 시설의 경우 수심의 범위를 초과하는 분산이 발생된 사례가 있는 것으로 알려져 있다. 따라서 금후 인공어초 설치 공사의 기본인 표지 부표에 관한 개발이 요구된다. 그리고 자유 낙하의 경우, 분산을 방지하기 위해서는 거치 방법 이외에도 인공어초의 낙하 자세를 안정하게 유

〈그림 9-2〉 현수 거치 방법에 의한 상자형 콘크리트 어초의 시설.

지하는 구조물 부착 방법도 고려되고 있다. 그러나 크레인으로 인공어초를 달아매어 해면 상에 자유 낙하시키는 방법은 선박의 이동 요인도 더해지게 되므로 집적형의 인공어초 설치를 기대할 수가 없기 때문에 일정 점에서 동시(단시간)에 투입하는 방식도 고려할 필요가 있다.

앞에서 인공어초 시설 방법의 하나로 자유 낙하에 의한 방법에 대해 언급하였지만, 인공어초의 높이가 3m 이상에서는 대부분 <그림 9-2>와 같은 현수 거치 방법을 사용하고 있다. 이 경우 바둑판형 배치와 같이 어초단체를 일정한 간격으로 시설할 때에는 2점 계류보다 4점 계류로 하면 오차를 보다 많이 줄일 수 있을 것이다. 또한 인공어초의 배치도에 명시된 GPS 좌표에 시설 해역의 유속이나 유향에 의한 오차를 충분히 고려하여 부표의 진동 반경을 계산한 후 인공어초를 시설하면 오차를 크게 줄일 수 있을 것이다(김 등, 2000). 이와 함께 인공어초 시설 전에 작업선과 예인선의 유기적인 관계, 작업선의 위치 파악 등의 사항을 작업원들에게 충분히 주지시켜야 한다.

참고문헌

佐藤 修, 1981. 海上位置の測定法と精度について. 北海道水産土木協會回報, 5, 3.

佐藤 修, 1984. 人工魚礁. 恒星社厚生閣, 東京, pp. 65－80.

김창길, 김호상, 정의철, 김재오, 손팔원, 김태호, 배봉성, 김성태, 하현철, 주재욱, 2000. 통영 해역 바다목장화 연구 개발 1차 보고서. 국립수산진흥원, 52 pp.

제10장

인공어초의 내구성

1. 콘크리트의 내구성

인공어초는 설계시 고려한 내구 연수(약 30년)동안 목적으로 하는 기능을 발휘해야 한다. 현재 사용 중에 있는 인공어초의 대부분은 콘크리트로 제작되었기 때문에 그것의 내구성을 평가하기 위해서는 먼저 콘크리트의 내구성을 파악하는 것이 중요하다. 콘크리트의 내구성에 대한 정의에는 일반적으로 환경에 대한 언급이 포함되어 있다. 미국 콘크리트학회(ACI)의 Committee 201(1991)에 의하면, 포틀랜드 시멘트 콘크리트의 내구성은 풍화 작용, 화학 작용 및 마모나 어떤 열화의 과정에 대한 저항성으로 정의된다. 특히 우수한 내구성을 가지고 있는 콘크리트는 가혹한 환경에 처했을 때도 원래의 형태와 질을 유지하려고 한다. 그러나 어떠한 재료도 원천적으로 내구성이 우수한 것은 아니며, 환경에 따른 내부 작용에 의해 세공 구조 또는 재료의 특성이 시간과 함께 변한다. 또한 재료가 어떠한 조건 하에서 계속 사용될 수 없을 정도로 불안정하고 열화 되어 비경제적인 상태가 되었을 때 그 수명이 다되었다고 한다(Mehta and Momteiro, 1993).

2. 콘크리트의 내구성 유지 및 관리 계획

구조물(특히, 육상 구조물)은 각종 초기 결함, 손상, 열화 등에 의해 그 특성이 변화되기 때문에, 그것의 유지·관리적인 측면에서는 될 수 있는 한 특별한 위치에서 이들 특성을 고려해서 종합적으로 대응하는 것이 필요하다. 소정의 설계와 시공 기준에 의해 적절하게 제작된 새로운 구조물의 경우 설계 내용(耐用) 기간 중에 열화가 현저하게 진행되어 그것의 성능에 크게 영향을 미치는 일은 거의 없다. 콘크리트 구조물의 시방 기준에 의하면, 콘크리트나 보강재의 품질과 요구되는 재료로서의 기능이 설계 내용 기간 중에 손상 받지 않았다는 것을 확인하기 위한 내구성 조사가 필요하다. 또한 콘크리트의 납품 검사, 시공 검사 및 구조물의 검사에 의해 초기 결함이 검출된 경우에는 콘크리트나 보강재에서 열화가 현저하게 진행될 가능성은 매우 적다(日本土木學會, 2001). 이와 같은 경우 구조물의 중요도에 의하지만, 보통 육상 구조물에 있어서는 목시 점검을 주체로 한 일상 점검과 정기 점검만으로 적절한 유지·관리가 이루어지며, 상세 점검까지는 필요 없게 되어 유지·관리가 간략화 되는 경우가 많다. 단지 예정 공용 기간이 설계 내용 기간보다 길게 설정되어진 경우도 있으므로 이 기간을 경과한 시점에서 열화가 현저하게 진행될 가능성을 고려하여 유지·관리 계획을 적절하게 세울 필요가 있다.

3. 콘크리트 어초의 열화 요인

수중에 시설되는 콘크리트 어초의 경우 시설 후에는 앞에서 언급한 바와 같이 일상 혹은 정기 점검을 실시하기가 어렵고, 특히 시설 해역의 수심이 20m 이상인 곳에서는 조류, 저질, 탁도 등의 환경 조건에 따라 다르지만, 인공어초 자체에서 발생되는 열화 현상 등의 결함을 거의 확인할 수 없다. 따라서 인공어초를 시설하기 전에 해양 환경에서 유발될 수 있는 열화 요인을 충분히 고려하여 그것을 설계·시공하는 것이 무엇보다 중요하다. 수중에 시설된 인공어초용 콘크리트나 해면 상에 시설된 방파제용 콘크리트와 같이 해양에 시설된 콘크리트 구조물은 시멘트 수화생성물과 해수에 포함된 화학 성분이 반응하여 콘크리트의 수명을 단축시키는 화학 반응을 일으킨다. 또한 콘크리트에서 습윤과 건조의 반복 작용, 동결 작용, 철재의 부식 등에 의해 콘크리트 내의 결정압이 생성되거나 혹은 알칼리 골재 반응, 파도, 부체 등에 의한 물리적 침식 등 물리·화학적 요인에 의해서도 열화가 발생한다(金, 1996). 해양에서의 콘크리트의 열화는 복합적으로 작용하나 경우에 따라서는 단일 요인에 의해 발생하기도 한다. 해양에서의 콘크리트의 열화 요인은 구조물의 시설 위치에 따라 크게 달라진다. 여기에서는 인공어초와 같이 수중에 시설되는 콘크리트 구조물에 한정하여 열화 요인을 살펴보고자 한다.

1) 유산염 반응

유산염 반응은 해수에 용존된 SO_3 이온 농도가 1,500mg/L

보다 높은 경우 발생한다. 이 반응은 유산염이 콘크리트 중의 $Ca(OH)_2$나 C_3A와 반응하여 $CaSO_4 \cdot 2H_2O$(석고) 또는 $3CaO \cdot Al_2O_3 \cdot 3CaSO_4 \cdot 32H_2O$(ettringite)를 생성하여 팽창을 유발하는 것이다. 따라서 유산염 반응에서 생성되는 석고나 ettringite는 원래의 화합물보다 훨씬 큰 체적을 갖게 되므로 콘크리트를 파괴하게 된다. 그러나 ettringite에 의한 팽창으로 인해 OH 이온이 Cl 이온으로 대체되는 환경에서는 유산염 반응이 억제되므로 실제 해양 환경에서는 쉽게 일어나지 않는다.

2) 마그네슘(Mg) 이온 반응

마그네슘 이온 반응은 해양 환경에서 콘크리트에 비결합 $Ca(OH)_2$가 존재하면 이것에 의한 이온 교환 반응이 일어나 하얀 침전물의 $Mg(OH)_2$가 생성되어 팽창을 유발시키게 된다. 마그네슘 이온에 의한 콘크리트 내의 $Mg(OH)_2$ 생성은 사용 시멘트의 종류에 따라 차이가 있으며, 마그네슘 이온 반응은 포틀랜드 시멘트를 사용한 콘크리트 보다 슬래그나 포졸란(pozzolane)이 혼합된 시멘트를 사용한 콘크리트에서 적게 일어나는 것으로 알려져 있다.

3) 탄산염 반응

탄산염에 의한 Ca 이온 용출은 시멘트 페이스트를 해양 환경에 노출시킬 경우 탄산염과 반응하여 Ca 이온을 용출하게 되며, 이로 인해 질량의 감소가 일어난다. 특히 침투성이 큰 콘크리트는 해수에 정상적으로 용존된 CO_2의 양에 의해서도 시멘트의 접착성 물질이 분해될 수 있다. 예를 들면, 콘크리트를 장기간 해수에 노출시킬 경우 thaumasite(calcium silicocarbonate), hydrocalumite(calcium carboaluminate hydrate), aragonite(calcium carbonate) 등이 생성되어 콘크리트가 열화 된다고 알려져 있다.

4) 철근 부식

콘크리트 내의 철근은 아주 얇은 FeO의 피막으로 덮여있다. 이 막은 부동태 피막이라고 불려지고 있으며, 불침투성으로 알칼리 환경에서 철근 표면에 강하게 고착되어 있다. 금속 이온은 부동태 피막이 파괴될 때까지 양극 반응에 이용될 수 없으나, 콘크리트 내의 pH가 11.5 이하로 내려가게 되면 파괴되어 부식을 일으키게 된다. 부식은 양극 반응과 음극 반응에 의해 일어나며, 금속 이온이 녹으로 변하는 과정에서 체적의 팽창을 일으키게 된다. 체적의 팽창은 산화 상태에 따라 다르나, 원래 체적의 6배에 이른다. 철근 부식의 주요 반응을 살펴보면 다음과 같다.

Anode: $Fe \rightarrow 2e^{-} + Fe_2^{+}$

(금속 이온) $FeO(H_2O)x$ (녹)

Cathode: $\frac{1}{2}O_2 + H_2O + 2e^{-} \rightarrow 2(OH)$

철근의 부식은 Cl 이온이 존재할 경우, Cl/OH의 비에 따라 차이는 있지만, 콘크리트 내의 pH가 11.5 이상일 경우에도 부동태 피막이 파괴된다고 알려져 있다. 그러나 이와 같은 이론은 산소가 공급되는 환경에서 나타나는 현상이며, 산소가 상

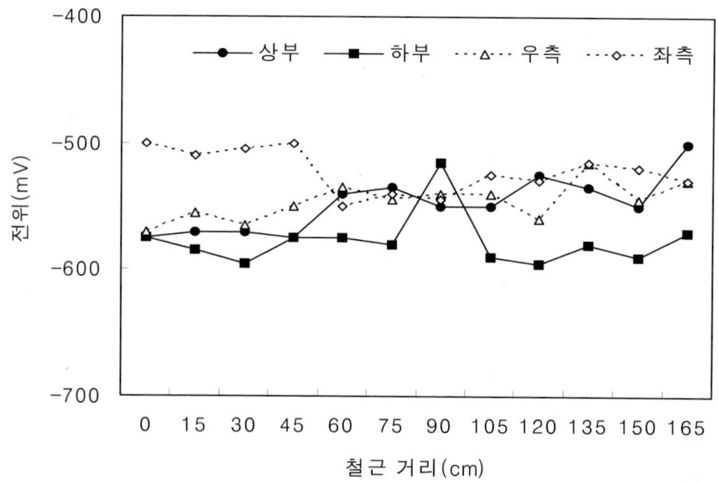

〈그림 10-1〉 시설 후 18년이 경과한 사각형 어초(2×2×2m)의 철근 위치별 전위 값(김 등, 2003).

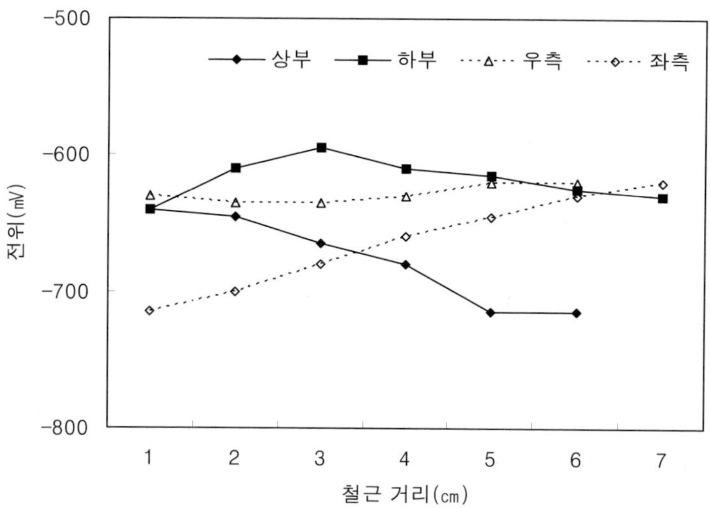

〈그림 10-2〉 시설 후 25년이 경과한 사각형 어초(2×2×2m)의 철근 위치별 전위 값(김 등, 2003).

대적으로 적은 수심이 비교적 깊은 해양 환경에서는 이 메커니즘이 적용되지 않을 수도 있다.

<그림 10-1>과 <그림 10-2>는 수심이 30~40m인 해역에 시설된 후 18년과 25년이 경과한 콘크리트 어초의 철근 위치별 전위 값을 나타낸 것이다(김 등, 2003). 이들 그림에서 알 수 있는 바와 같이 전위 값은 대체로 580~720mV 정도이었으며, 경과 기간이 오래될수록 그 값이 크게 나타났다. 한편, 전위 값의 차이가 큰 부위는 균열된 곳이었으며, 이곳에서 국부적인 부식이 확인되었다. 그러나 <그림 10-3>과 같이 그 외의 부위에서는 녹이 관찰되지 않았다.

김 등(2003)의 조사 결과에서도 알 수 있는 바와 같이 많은 염분량에도 불구하고 <그림 10-3> 및 <그림 10-4>에서와 같이 시설 후 25년이 경과한 콘크리트 어초 내의 철근에서 녹이 관찰되지 않았다. 이와 같이 철근에 녹이 발생되지 않는 원인은 여러 가지가 있겠으나, 산소가 상대적으로 적어 부식에 필요한 산소 공급이 부족했기 때문이라 할 수 있다.

〈그림 10-3〉 시설 후 25년이 경과한 사각형 어초의 철근 상태(김 등, 2003).

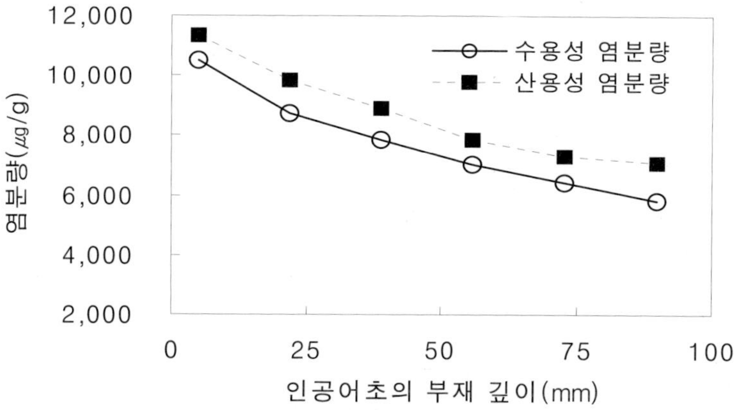

〈그림 10-4〉 시설 후 25년이 경과한 사각형 어초(2×2×2m) 부재의 표면으로부터 깊이별 염분량(김 등, 2003).

4. 콘크리트 어초의 열화 대책

수중에서 콘크리트로 제작된 인공어초 등 구조물의 열화에 대한 대책과 관련하여, 무근 콘크리트에서는 침투성이 낮게 시공될 경우 해양 환경에서 60년 이상이 경과하여도 열화 현상이 거의 발생되지 않는 것으로 알려져 있다. 그러나 침투성이 큰 콘크리트의 경우 Mg 이온 또는 CO_2나 Ca 이온의 용출에 의해 질량의 손실이 일어난다. 철근 콘크리트에서도 단위 시멘트의 양(390kg/m^3)이 많다고 할지라도 침투성이 높을 경우 철근 부식이 일어난다고 알려져 있다. 이것은 높은 침투성으로 인해 해수나 공기가 콘크리트 내의 철근이 묻혀 있는 곳까지 쉽게 침투할 수 있기 때문이다.

수화된 포틀랜드 시멘트의 화학 성분과 해수의 상호 반응에 의한 열화는 해수가 콘크리트 내부로 침투해 들어가지 않는 한 발생하지 않는다. 일반적으로 치밀성이 낮은 콘크리트는 배합비가 높거나 부적절한 다짐과 양생 등에 의해 일어난다. 또한 그것은 시공 이음 부분에 대한 대책이 불충분하거나 부적절한 철근 피복 두께에 의해서도 발생된다. 콘크리트의 표면에서 내부까지 해수에 의한 시멘트 페이스트의 화학적 열화의 진행은 일정한 형태로 진행된다. CO_2에 의한 선석(aragonite)이나 중탄산염(bicarbonate)의 형성은 콘크리트 표면에 한정되며, Mg 이온에 의한 수활석(brucite)의 형성은 콘크리트 표면의 아랫부분에서 일어난다. 한편 ettringite의 형성은 이보다 깊은 부분에서 일어난다. 이들 반응 생성물은 콘크리트의 침투성이 높지 않는 한 시멘트 페이스트에서 해수에 의한 유해 화학 작용을 발생시키지 않는다. 오히려 반응 생성물의 불활성 때문에 침투성을 낮게 하고, 해수가 콘크리트 내부로 침투해 들어가는 것을 막아준다(金, 1996). 그러나 이와 같은 현상은 조간대와 같이 동하중이 작용하는 곳에서는 반응 생성물이 생성되자마자 파도 등에 의해 씻겨 나가기 때문에 발생되지 않는다.

이상에서 알 수 있는 바와 같이 콘크리트를 이용한 인공어초의 경우, 시설 후 열화에 대한 대책이 현재로서는 거의 없는 실정이므로 시공 과정에서 세심한 주의가 요구된다. 인공어초의 시공 과정에서 내구성 증대, 즉 열화를 방지하기 위해서는 무엇보다도 침투성을 낮게 하는 것이 중요하다. 이를 위해서는 콘크리트의 배합 비를 적절하게 해야 하며, 충분한 다짐과 양생을 실시해야 한다. 특히 시공 과정에서 콘크리트를 먼저 타설한 면과 나중에 타설한 면 사이에 경계선(cold joint)이 생성되지 않도록 해야 하며, 적절한 철근 피복 두께를 유지해야 한다. 한편 강재의 경우 부식을 방지하기 위해서는 구조물의 두께를 충분하게 하여 계획된 내구 연수동안 그것이 안전하게 유지될 수 있도록 시공해야 한다(日本水産廳, 2003).

참고문헌

ACI Committee 201, 1991. Guide to durable concrete, ACI Mat. Jour., 88(5), 544－582.

Mehta, P.K. and P.J.M. Momteiro, 1993. Concrete. Prentice hall, pp. 111－178.

金昌吉, 1996. 海洋構造物におけるアルカリシリカ反應に關する基礎的研究. 日本東北大學校博士學位論文, pp. 41－55.

日本土木學會, 2001. コクリート標準示方書. pp. 1－27.

日本水産廳, 2003. 魚礁原單位調査マニュアル(案). 17 pp.

김창길, 김호상, 김태호, 손병규, 정성재, 안희춘, 백철인, 2003. 경남도 인공어초 사후 관리 보고서. 국립수산과학원, pp. 1－92.

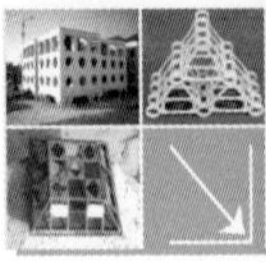

제 11 장 인공어초의 효과

1. 인공어초 평가의 개념

인공어초 평가 등을 위한 자료 수집의 형태나 양은 사회적, 정치적 및 연구의 목적 등에 따라 다르다. 그러나 일반적으로 인공어초의 사회 및 경제적 평가에 이용되는 방법에는 모니터링, 영향 평가 및 효능 분석의 3가지가 있다(Milon et al., 2000). 모니터링은 인공어초나 그 자원을 누가 이용하는가에 관한 것 등과 같은 인공어초의 이용 형태를 분석하는 것이고, 영향 평가는 인공어초의 시설과 이용으로 인한 사회 및 경제적 활동의 변화를 측정하는 것이다. 한편, 효능 분석은 인공어초의 사업 목적이 가장 적은 비용으로 달성될 수 있으며, 인공어초 시설 후 창출되는 이익이 투자비용을 상회하는가 등을 평가하는 것이다.

모니터링은 인공어초가 설계 기준에 부합되는지, 그리고 인공어초의 주요 이용 단체가 실질적으로 그것을 이용하고 있는지를 판단하는데 도움을 줄 수 있다. 이와 같은 형태의 평가는 넓은 의미의 사업 목적을 평가하는데 유용한 방법이다. 예를 들면, 연안역의 유어 낚시 인구의 증가 여부, 새로운 인공어초 시설 해역이 소규모 어업인들에게 새로운 어장의 제공 여부, 인공어초가 작살이나 수중 사진 촬영을 즐기는 다이버들에게 별도의 공간 제공 여부, 손상을 입은 자연초 어장을 인공어초로의 대체 가능 여부 등에 대한 평가를 들 수 있다.

영향 평가는 경제적인 활동이나 사회적 구조의 변화를 추구하는 보다 명확한 사업 목적을 평가하는데 이용되고 있다. 이와 같은 형태의 평가는 사업에 의한 변화에 초점을 두고 있으며, 이 변화가 목적에 분명히 부합되는지를 결정하는 것이다. 이 과정에서 인공어초 사업이 그것이 시설되지 않은 자연 상태에서 얻어지는 것보다 더 많은 효과를 창출했는지를 판단하는 것이 중요하다. 예를 들면, 해당 어촌계에서 비 거주 낚시 여행이나 경제 활동을 어떤 비율(%)까지 증가시키기 위한 사업 목표는 인공어초의 시설 사업 전, 후의 비 거주 활동을 측정할 수 있는 비용 경제 영향 분석법에 의해 평가될 수 있다. 또한, 이와 비슷하게 어느 항구에서 소규모의 상업적 어업 판매량을 어떤 비율(%)로 증가시키기 위한 목표는 인공어초 사업 전의 판매 수준으로 비교될 수 있다. 경제적 영향 평가에 대한 가장 보편적인 방법은 경제 기반 분석법과 투입 산출 분석법이며, 사회 구조에 대한 영향은 사회 영향 분석법이나 중요 실행 분석법으로 평가될 수 있다.

효능 분석은 사업 목적이 사업의 경제적 성취에 적합한지를 평가하는 다른 형태의 평가로, 보통 비용 효과 평가와 비용 편익 평가가 있다. 비용 효과 평가는 사업이 가장 적은 비용으로 원하는 영향을 창출했는지를 평가하는 것이고, 비용 편익 평가는 사업을 통해 얻어진 비용의 금전적 가치가 사업 투자 비용을 상회하였는지를 평가하는 방법이다. 이들 방법은 인공어초 사업의 목표 달성 여부를 비교하기 위해 이용되며, 얻어진 결과들은 다른 형태의 자원 조성 사업에 대한 성능 분석에 이용될 수 있다. 또한 이들 방법은 인공어초 시설의 계획 단계에서 어초 사업이 경제적으로 투자의 가치가 있는지를 사전에 평가하는데도 이용될 수 있다. 이들 방법의 적용과 관련하여, 보다 구체적으로는 사업 목표를 가장 적은 비용으로 이용 가능한 어떤 종의 생체량을 어떤 비율(%)까지 증가시키는데 두었다면, 이들은 비용 효과 분석에 의해 평가될 수 있다. 그리고 사업 목표를 인공어초의 시설 해역에 대한 경제 수지 달성 여부에 두었다면, 비용 편익 분석으로 평가될 수 있을 것이다.

2. 인공어초의 효과 평가를 위한 현장 조사 방법

인공어초의 효과 평가 방법과 관련하여 모니터링은 인공어초의 이용 측면, 영향 평가는 그것의 시설로 인한 어획 생산성의 증가 등과 같은 변화, 그리고 효능 분석은 그것의 시설로 인한 판매 규모, 수입, 고용 등의 변화에 초점을 두고 있다. 자료 분석 방법과 관련해서는 모니터링의 경우, 현장 활동을 통한 직접적인 관측, 현장 혹은 연안에서의 인터뷰, 우편이나 전화 등을 이용한다. 그리고 영향 평가와 관련해서는 대개의 경우 인공어초 시설 전, 후에 측정된 적절한 지표 변수를 비교하며, 효능 분석은 금전적 평가 기준에 의거하여 실시되고 있다. 그러나 이들 평가 방법은 근본적으로는 시설된 인공어초의 어획량에 의존한다고 할 수 있다. 즉, 인공어초를 시설함으로써 어획량이 증가하거나 부착 생물의 착생과 서식량이 증가되어 생산성이 향상됨으로써 인공어초의 이용이 촉진되고, 소득의 변화를 가져온다는 것이다. 따라서 인공어초의 효과 평가를 위한 가장 기본적인 단계는 인공어초 어장의 어획 생산성을 조사하는 것이며, 이들 자료를 토대로 인공어초의 시설로 인한 변화의 영향과 금전적 가치를 평가하는 것이다. 어획 생산성의 분석은 <그림 11－1>과 같이 인공어초에서의 어군의 위집량에 대한 해석을 통해 추정되고 있으며, 자료의 취득은 스쿠버에 의한 잠수 관찰이나, ROV(Remotely Operated Vehicle), 과학 어탐 조사, 고정 카메라 조사 등을 통한 간접 평가 방법과 어구를 이용한 직접 평가 방법으로 나눌 수 있다(日本水産廳, 2003). 본 장에서는 이들 방법에 대해 기술한다.

1) 잠수 관찰에 의한 어류의 분포 조사

(1) 수평 투시도 산정

수중에 시설된 인공어초의 주변에 위집된 어류의 양을 추정하기 위해서는 수평 어류 관찰 가능 거리를 파악하는 것이 중요하다. 어류의 수평 관찰 거리는 투명도 판(secchi disk)을 사용하여 간단하게 측정할 수 있다. 즉, 체장 20cm 전후의 어·패류를 가정한 지름 20cm의 회색 원판에 측정 눈금을 붙여 수중에서 1명의 잠수부가 이것을 가지고 수평으로 이동하며, 다른 1명이 회색 원판이 보이지 않게 되는 거리를 측정하여 이 거리를 수평 투시도로 기록한다.

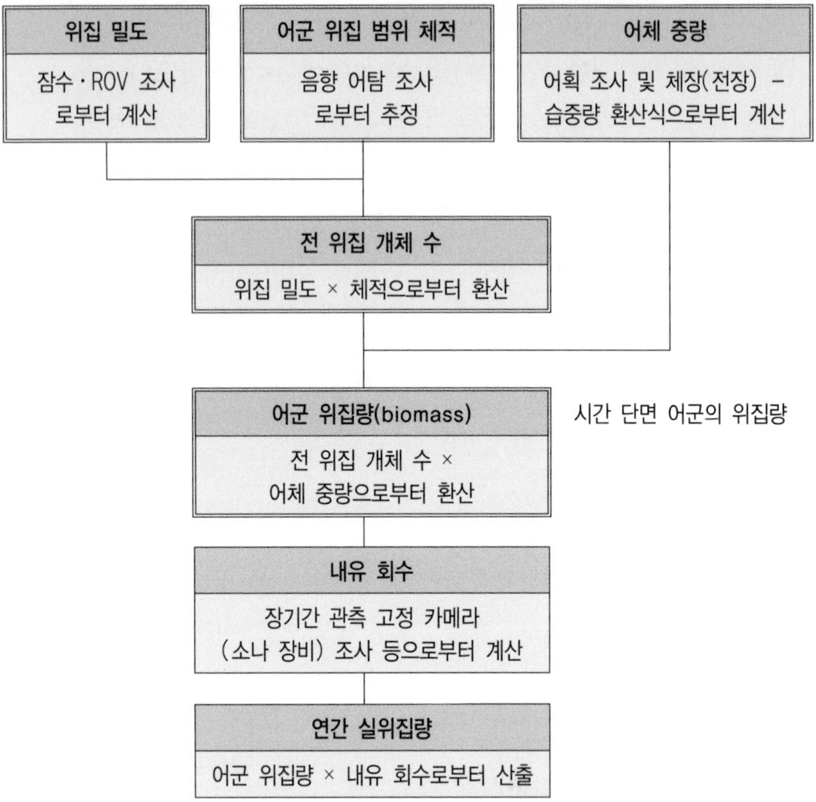

〈그림 11-1〉 어군 위집량의 해석 흐름도(日本水産廳, 2003).

(2) 위집 어류의 관찰(위집 어종, 분포 범위 및 위집어의 정량)

인공어초 주변에 위집된 어류를 정량적으로 파악하기 위해서는 수중 조사 중에 그곳에 위집한 어류의 전 양을 파악하는 것이 바람직하다. 자리돔, 황점볼락, 벤자리 등과 같이 인공어초 주변에 대규모 어군을 형성하는 경우에는 다음 절에서 기술하는 정점 관찰법과 수중 비디오카메라를 이용한 어군 계수법에 따라 목시 관찰을 한다. 그러나 도루묵류, 조피볼락류,

쏨뱅이 등 대규모 어군이 형성되지 않는 저서성 어류의 경우에는 다음 절에서 기술하는 벨트 트렌섹트(belt transects)법에 준해서 목시 관찰을 한다. 각 어종의 평균 체장과 단위 면적 또는 단위 체적 당 마리수를 관찰하여 잠수 조사를 종료한 후에 관찰 결과로부터 대상 해역 전체의 위집 마리수를 외삽법으로 추정한다. 정점 관찰법이나 벨트 트렌섹트법을 이용할 경우에는 위집 밀도의 오차를 적게 하기 위해 적어도 5개 이상의 조사 지점을 설정하는 것이 바람직하다. 관찰 마리수는 평균치 ±표준 편차 또는 표준 오차로 표시하는 것이 바람직하다. 인공어초의 설치 상황과 대상 어류에 따라 구체적인 조사 방법은 다르지만, 일반적으로 여러 종류의 인공어초들이 복합적으로 시설되어 있는 해역에서는 정점 관찰법과 벨트 트렌섹트법을 서로 조합하여 조사할 필요가 있다. 또한 깊은 수심에 설치되는 고층 어초의 경우 정점 관측법만으로 조사하는 것이 적합하고, 인공어초 설치 주변 해역의 계절적 또는 경년적 해황 변이에 의한 오차를 최소화하기 위해 인공어초 시설 해역의 주변에 설정한 대조구에서도 동일한 조사를 실시할 필요가 있다.

① 정점 관찰법

인공어초 주변의 어군 분포 범위를(집단의 높이와 폭을 인공어초와 비교하여) 대략적으로 파악한다. 그리고 임의로 설정한 5~10점에서 관찰자 주변의 360°로 임의 높이(예를 들면 관찰자의 신장)의 범위에 있는 어류의 마리수(x)를 눈으로 센다. 이 경우 상술한 투시도 조사에서 측정한 4방향의 (최소치 + 최대치)/2를 a, 높이를 b라 하면 관찰 체적은 $ba^2\pi$로 계산된다. <그림

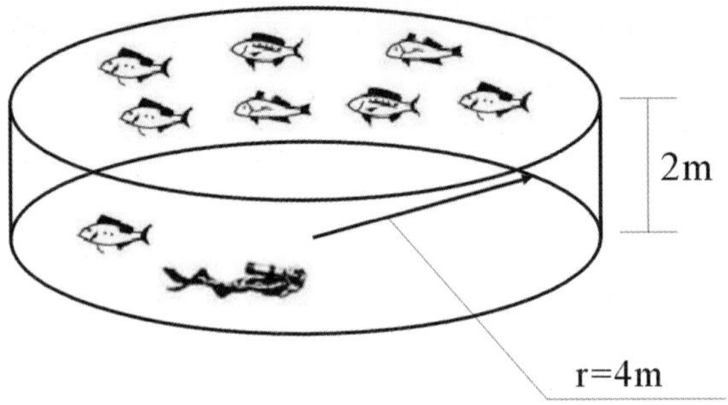

$4^2\pi \times 2m \fallingdotseq 100m^3$

〈그림 11-2〉 정점 관측법의 예.

11 - 2>에서와 같이 높이가 2m이고, 반지름이 4m인 경우 관찰 최적은 약 $100m^3$가 된다. 한편, 집단이 인공어초의 내부 전체에 넓게 분포되어 있는 경우에는 그것의 공m^3이 집단의 분포 체적 v로 되기 때문에 위집 마리수 N은 다음 식으로 추정할 수 있다.

$$N = x/ba^2\pi \times v \tag{11.1}$$

② 비디오카메라를 이용한 어군 계수법

위집어의 수가 상당히 많고 밀도가 높아 눈으로 세기 어려운 경우에는 휴대한 수중 비디오카메라나 스틸 카메라로 정점 주위의 4방향으로 촬영한다. 이 과정에서 잠수 조사를 종료한 후에 <그림 11 - 3>과 같이 사용한 카메라의 수중 화각과 투시도로부터 촬영 체적을 계산한다. 그리고 한 화면 중의 촬영 마리수를 계수하고 단위 체적당 위집 마리수를 추정한다.

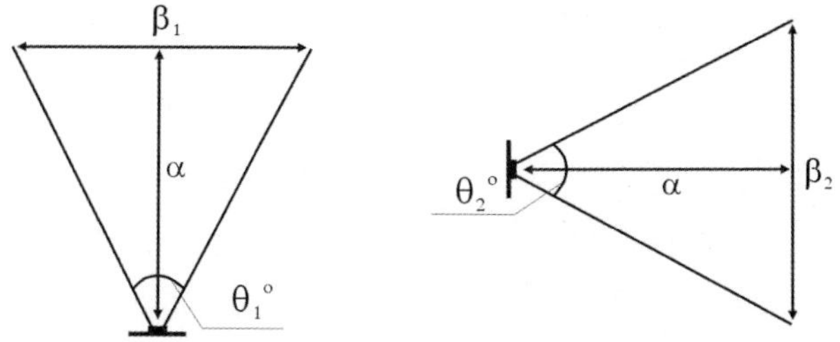

$$\frac{\beta_1}{2} = \alpha \cdot \tan\left(\frac{\theta_1^{\circ}}{2} \cdot \frac{\pi}{180}\right) \qquad \frac{\beta_2}{2} = \alpha \cdot \tan\left(\frac{\theta_2^{\circ}}{2} \cdot \frac{\pi}{180}\right)$$

〈그림 11-3〉 촬영 체적의 계산 예.

③ 벨트 트렌섹트법

인공어초 주변에서 그것의 규모에 따라 5측선 혹은 그 이상을 임의로 설정한다. 그리고 잠수자가 이동하면서 측선의 주변에 있는 어류를 관찰하여 기록한다. 이 경우 측선을 따라서 폭 W와 높이 H의 범위로 길이 L의 측선을 관찰하면, 관

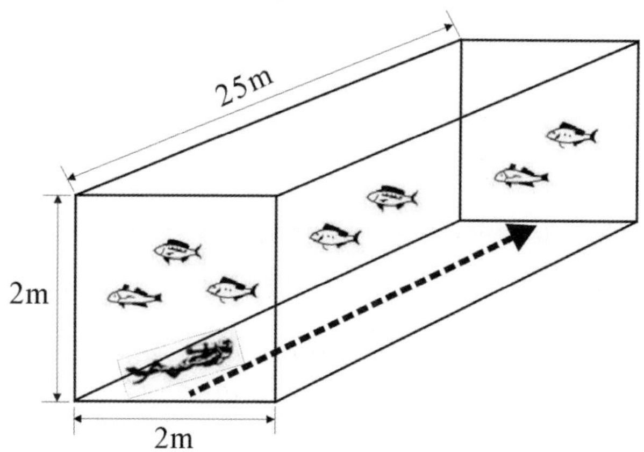

$$2 \times 2 \times 25\text{m} = 100\text{m}^3$$

〈그림 11-4〉 벨트 트렌섹트법의 예.

찰 체적은 $H \times W \times L$로 계산된다. 예를 들면, <그림 11-4>에서와 같이 길이가 25m인 측선 위를 폭과 높이를 각각 2m의 범위로 관찰하면 그것의 관찰 체적은 약 100m^3가 된다. 만약, 벨트 트렌섹트법에 의한 모든 잠수 관찰 중에 1개체만이 출현한 경우 그대로 서식 개체수를 1개체로 해서 계수한다. 잠수 조사를 종료한 후 단위 체적당 마리수를 세고 외삽법에 의해 인공어초 시설 해역 전체의 분포수를 추정한다.

2) ROV 조사

ROV는 크기, 운동 능력, 사용 전력 등이 다른 각종 기기로 구성되어 있으므로 카메라가 장착된 소나(sonar)도 있고, 메뉴퍼레이터, 트랩 등을 장착하여 각종 용도를 특화한 것도 있다. 이들의 공통점은 원격적으로 조작된다는 것이며, 카메라에 한정된 정보로부터 상황을 판단하기 위해 조작과 해석에 숙련된 기술이 요구된다. 이 조사에서는 다음에서 설명하는 바와 같

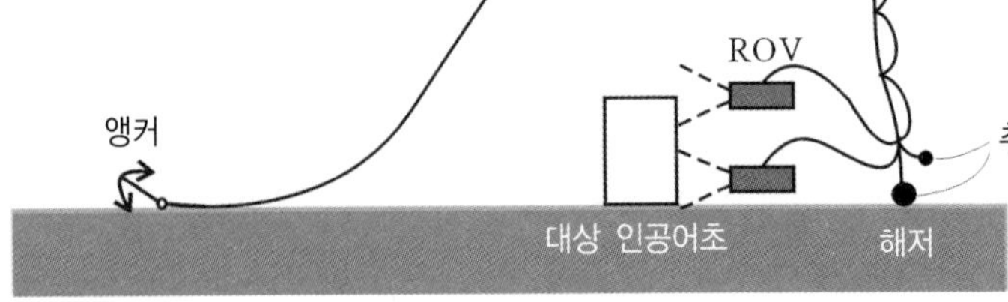

〈그림 11-5〉 ROV 조사의 예.

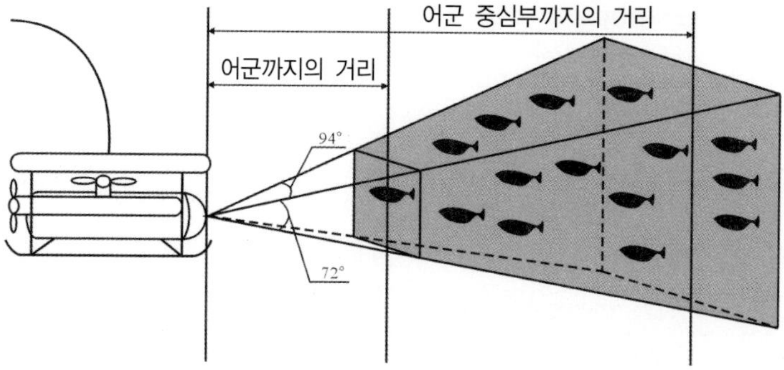

〈그림 11-6〉 ROV 촬영에 의한 어군 밀도 계수의 예.

이 어군의 밀도를 해석할 때에 계산할 수 있도록 정치하여 촬영한다. 조사 과정에서 ROV가 접근하면 도피하는 어류도 있기 때문에 수평 투시도를 5m 이상으로 유지하는 것이 바람직하다. 조사선을 조사 대상 해역의 위 또는 그 조하측(潮下側)에 계류하고, 조류가 빠른 경우에는 <그림 11-5>와 같이 ROV용 잠행 밧줄을 선상으로부터 내려 ROV 케이블을 묶는다. 조사 시 조류를 항상 유의하고 조사선의 위치가 벗어난 경우에는 이를 보정하거나 다시 묘박하는 등 조사선의 위치를 조정해야 한다. 그리고 기록된 영상으로부터 <그림 11-6>과 같이 화면 내에 촬영된 어류 개체수를 계수하여 어군의 밀도를 산출한다. 조사 대상에 넙치, 가자미류 등의 저서성 어류가 포함될 경우에는 다음에 기술하는 것과 같이 저서 어류용 돌출 장치를 ROV에 부착하여 일정 거리를 저면에서 휘저어 서식 밀도를 파악한다.

(1) 조사 대상이 소규모인 인공어초에 위집된 어류 조사

인공어초의 설치 또는 어류의 위집 상황은 전체가 파악될

수 있도록 촬영해야 한다. 대규모 어군이 출현한 경우에는 어군의 크기를 소나 등으로 측정하는 동시에 어군의 밀도 해석 시 계산할 수 있도록 ROV를 정치(靜置)하여 촬영한다. 조사를 완료한 후에는 화면상에 촬영된 영상에 출현한 어류를 계수하며, 이미 알고 있는 인공어초의 부재 크기로부터 어류의 크기를 추정한다. 대규모 어군에 대해서는 취득한 영상으로부터 어군의 밀도를 여러 번 계측하고, 밀도의 평균치를 어군의 체적에 곱해서 구한다(평균치이기 때문에 개체수 ±표준 편차 혹은 표준 오차로 표기).

(2) 조사 대상이 대규모인 인공어초에 위집된 어류 조사

인공어초를 상층, 중층, 하층 주변 등으로 구분하여 촬영하고, 대규모 어군이 출현할 경우에는 어군의 크기를 소나 등으로 측정하는 동시에 어군의 밀도 해석 시 계산할 수 있도록 ROV를 정치하여 촬영한다. 조사를 종료한 후에는 각 조사구에서 촬영한 개체수를 계수하며, 촬영한 범위(체적)를 인공어초의 설계도면 등으로 구하고 각 조사구의 개체 밀도를 산출한다. 이 과정에서 각 조사구로부터 산출한 개체수의 밀도를 평균해서 표준 편차와 오차를 구한다. 개체수 밀도의 평균 ±표준 오차로부터 외삽법에 의해 전체의 개체수를 추정한다. 또한, 소나의 기록으로부터 어군의 단면적을 구하고 여러 층의 단면적을 기초로 하여 체적을 계산한다. 동시에 촬영한 화상으로부터 개체수 밀도의 평균 ±표준 오차를 산출하여 개체수 밀도의 평균 ±표준 오차로부터 외삽법에 의해 어군 전체의 개체수를 추정한다.

(3) 조사 대상이 저서성 어류의 경우의 조사

ROV의 전면에 저면을 휘저어 그것에 <그림 11-7>과 같은 저서성 어류를 측정할 수 있는 장치를 부착시킨다. 장치의 크기는 ROV의 수중 화각을 고려하여 폭과 길이를 결정하고, 소나로 인공어초와의 상대 거리를 측정하여 주행 거리를 구한다. 또한, 조사에 앞서 주행 속도를 보정하고 평균 속도와 주행 시간을 곱해서 주행 거리를 구한다. 조사를 종료한 후에는 화상에 출현한 저서성 어류를 계수한다. 이 경우 소형 개체는 시야에서 사라질 수 있기 때문에 여러 번 계수하는 것이 바람직하다. 출현한 저서성 어류의 밀도는 출현 미수 ÷ (주행한 거리의 합계 × 장치의 폭)에 의해 구한다.

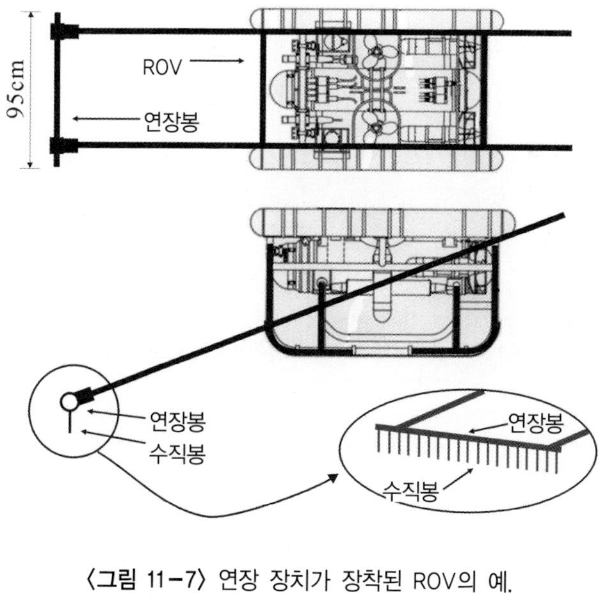

〈그림 11-7〉 연장 장치가 장착된 ROV의 예.

3) 음향 어군 탐지기 조사

GPS 등을 사용하여 조사 대상 위치를 확인하고 조사 대상 인공어초의 바로 위에 표시용 부자(浮子)를 설치한다. 그리고 <그림 11 - 8>과 같이 대상으로 하는 인공어초를 중심으로 한

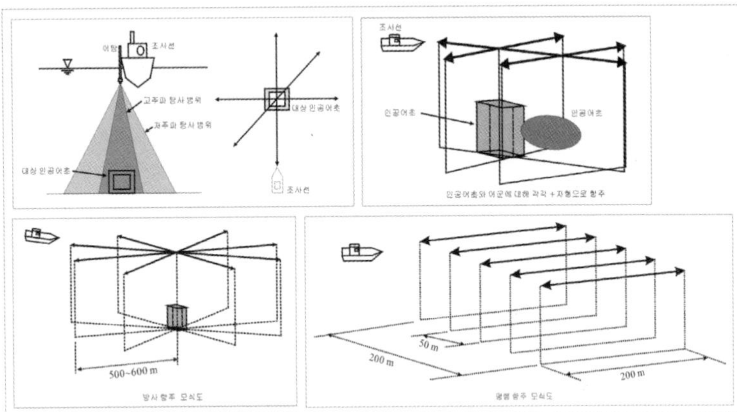

〈그림 11-8〉 어탐 항주의 예.

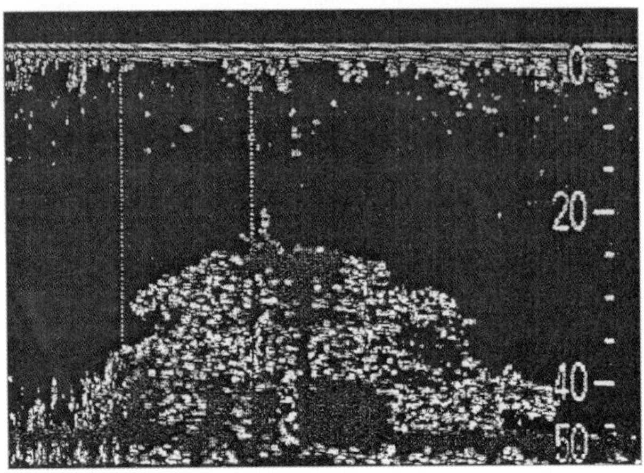

〈그림 11-9〉 어군 탐지기 영상의 예.

일정거리를 일정 속도와 복수의 방위로 직선 항주(航走)를 한다. 항주 중 어군 탐지기의 화상(기록지, 비디오카메라 등)과 GPS의 경·위도를 기록해야 하며, 이 경우 경·위도의 측지계(세계 측지계 등)를 확인한다. 취득한 경·위도를 지도 위에 기입하고 항주 경로도를 작성하며, 취득한 경·위도를 기초로 하여 <그림 11-9>와 같이 어군 탐지기 화상의 수평 거리(화상의 폭)를 조정하고 일직선의 화상을 작성한다. 항주 범위 내의 대상 인공어초로부터 멀어진 어군이 보이는 경우, 경·위도를 기록하면서 어군을 중심으로 동심원상으로 항주한다. 이와 함께 화상 정보로부터 <그림 11-10>과 같이 어군 분포의 3D 화상을 작성하고 화상 해석 소프트웨어 등을 이용하여 3D 화상의 체적을 산출한다. 어군 탐지기의 경우 2파 겸용형(고주파 및 저주파)으로 통상 GPS 또는 교정 위성 측위 시스템(DGPS, Differential Global Positioning System)이 내장되어 있는 것을 사용하는 것이 바람직하며, 3D 화상의 체적을 계산하는 경우에는

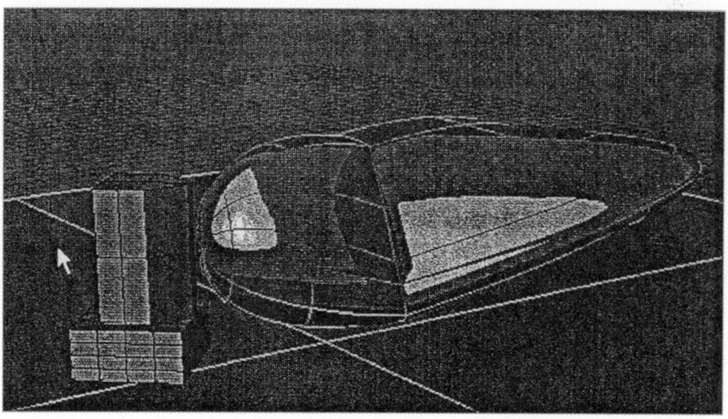

〈그림 11-10〉 인공어초 분포의 3D 영상 예.

법과 적분 정리법이 이용된다.

4) 고정 카메라(스틸 및 비디오) 조사

비디오카메라 또는 타이머가 장착되어 정기적 촬영이 가능한 스틸 카메라를 인공어초 위에 설치한다. 설치한 고정 카메라의 수중 화각과 시야 내에 있는 대상 인공어초까지의 거리를 다시 계측하고 화상 해석 시 화상에 찍힌 범위의 체적을 계산한다. 고정 카메라를 설치하는 경우 카메라를 설치한 방위와 조류의 관계를 기록하며, 설치 시 대상 인공어초의 일부가 시야 내에 들어오도록 고정한다. 고정 카메라의 촬영 개시 시간을 기록하면서 취득한 촬영 기록으로부터 어류의 마리수와 크기를 정리하고 각종 출현 기간 및 일주 행동의 단위 시간당 평균 개체 수와 밀도를 추정한다. 그리고 고층 어초 및 하이브리드 어초와 같은 대형 인공어초의 경우 <그림 11-11>과 같이 복수의 고정 카메라를 설치하고, 그들 주변에 위집된 어류가 모두 기록되도록 해야 한다.

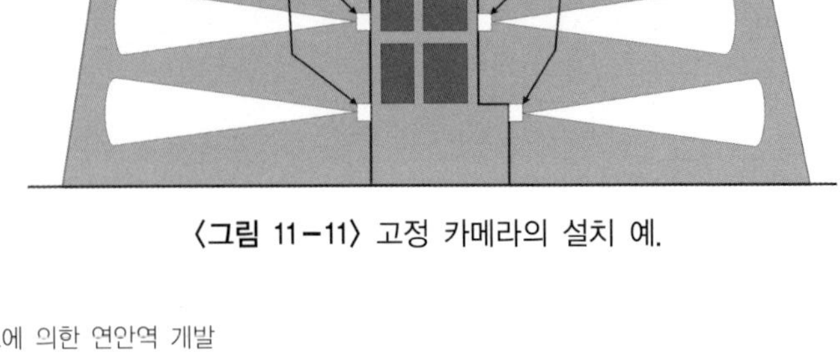

〈그림 11-11〉 고정 카메라의 설치 예.

5) 어획 조사

어획 조사를 실시하기 전에 지선 어업인들로부터 인공어초 주변의 연간 어획율과 어획 상황, 일반적인 어법 등에 대한 청취 조사를 실시한다. 그리고 조사 대상 범위를 선정하고 청취 조사, 목시 조사 결과 등을 기초로 하여 사전에 대상 어종을 선정한다. 조사 기간의 경우 일반적으로 사계절 동안 조사를 실시하는 것이 바람직하지만, 단기적인 조사의 경우 1개월 중 수 회에 걸쳐서 어업인들과 협의하여 결정한다. 특히, 대상 인공어초의 주변이 조업 금지 구역이 아닌 경우에는 인공어초를 시설한 후 이용 상황과 어획량을 파악하는 것이 바람직하다. 또한, 인공어초를 어장으로 이용하는 어업인들의 협조를 받아 표본선으로 조사하고 어획 일지를 수집하여 주요 어획 대상 어종, 어획 시기, 어획량의 변동 추이 등의 정보를 취득해야 한다. 인공어초의 위집 효과 범위는 저서성 어류의 경우 반경 200m 이내이고, 표·중층성 어류의 경우 반경 300m 이내이다. 그러나 인공어초의 효과를 단적으로 판단하기 위해서는 인공어초 바로 위 또는 그것의 인접 부근에서 낚시나 자망으로 어획 조사를 실시하는 하는 것이 바람직하다. 대조구로서 주변에 설치되어 있는 인공어초 또는 자연초를 선정하고 대상 해역과 대조구 해역에서 낚시 또는 자망 등 그물 어구에 의한 조사를 실시한다. 채취된 시료에 대해서는 어종마다 전장, 체장, 표준 체장 및 습중량을 측정하고, 취득한 데이터를 정리하여 어종의 조성과 체장 조성 등을 파악한다.

(1) 외줄낚시 조사

① 지선 어업인들에게 의뢰하는 경우

조사 시기에 인공어초에 위집된 어종을 대상으로 <그림 11-12>와 같이 낚시로 낚아서 잡는다. 대상 어종과 어법을 다른 어업인들에게 의뢰할 경우에는, 시료를 얻기는 쉽지만 낚시의 크기, 미끼 등에 따라 어획물이 한정될 경우가 있기 때문에 조사 전, 후에 어구의 사양을 확인해야 한다. 그리고 어획 시기가 아닌 특정 어종의 어획을 의뢰하는 경우에는 결과를 얻기가 어려울 수도 있다.

〈그림 11-12〉 인공어초에서 외줄낚시에 의한 조업의 예.

② 조사원이 낚시 조사 행하는 경우

사전에 인공어초에서 어획한 어종, 조업 방법, 조업 시간 등의 자료를 지선 어업인들로부터 청취한다. 또한 사전에 목시 조사가 실시되어 있으면 위집 어종, 위집 장소 등을 참고로 하여 어획이 잘 이루어지도록 한다. 조사원의 수를 늘리면 전체 어획량과 어종 수의 증가가 예상되기 때문에 특정 어종의 어획이 기대되지만, 낚시 기술이 떨어져 일정 시간 내에 결과를 도출할 수 없는 경우도 발생할 수 있다.

(2) 자망 조사

자망에 의한 어획 조사는 긴 사각형 모양의 그물 아래에는 발돌을, 위에는 뜸을 붙여 <그림 11-13>과 같이 인공어초 주변의 일정 수층에 수평 방향으로 펼쳐두고 그곳을 지나가는 어류가 그물코에 꽂히도록 하여 어획하는 방법이다. 이 방법은 해저 지형 등에 크게 영향을 받지 않지만, 어구를 인공어초에 너무 가깝게 설치한 경우나 인공어초의 형상에 따라서는 그물이 그것에 걸리는 경우가 발생할 수 있다. 따라서 지선 어업인들과 협의하여 대상 어종과 조업 시기를 정하고 부설 수층(표층, 중층 및 저층), 그물코의 크기, 그물 콧수, 사용 폭수 등을 결정한다. 일반적으로 지선 어업인들에게 의뢰하여 어구를 설치하지만, 어획량이 적은 경우에는 의뢰받은 어업인이 본인의 판단으로 그물코의 크기와 사용 폭수를 변경시키는 경

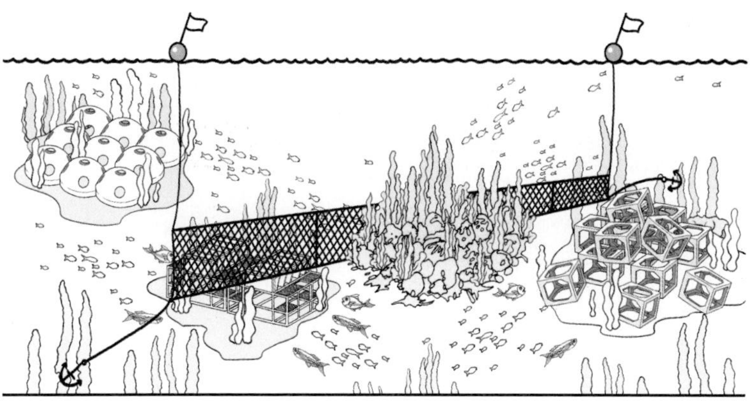

〈그림 11-13〉 인공어초에서 자망에 의한 조업의 예.

우가 있기 때문에 조사 전, 후에 어구의 사양을 확인할 필요가 있다.

(3) 연승 조사

이 조사는 축이 되는 긴 모릿줄에 낚시가 달린 여러 개의 아릿줄을 일정 간격으로 연결하고, 그것을 <그림 11-14>와 같이 표시 부자와 닻 등으로 인공어초가 시설된 해역의 일정 수층에 고정하여 인공어초의 주변에 서식하는 어류를 어획하는 방법이다. 이 방법에서는 계절과 대상 어종에 따라 낚시의 부설 수층이 표층에서부터 저층까지 설정된다. 그리고 어획 대상에 따라서는 낚싯줄 대신에 망태기를 붙이는 경우도 있다. 이 어법은 해저 지형 등에 영향을 받지 않지만, 인공어초에 너무 근접시켜 부설하거나 인공어초의 형상에 따라서는 어구가 그것에 걸리는 경우도 있다. 또한, 조업 시기, 어구의 부설 수심, 미끼에 따라 어획 대상이 한정되는 경우도 있다.

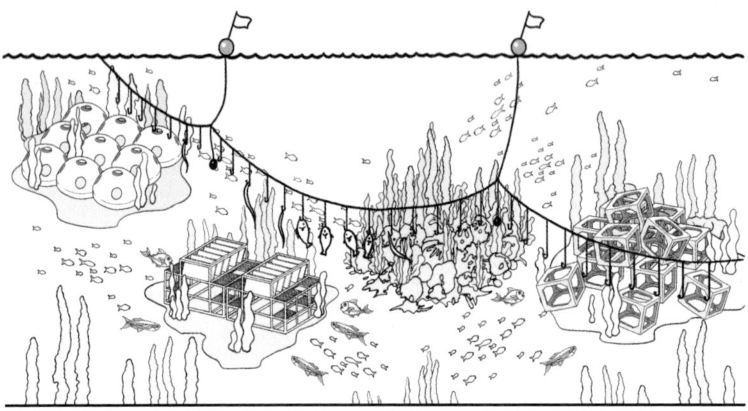

〈그림 11-14〉 인공어초에서 연승에 의한 조업의 예.

6) 조사 결과의 해석 및 평가

잠수 조사와 ROV 조사에 의해 대표적인 위집 어종의 단위 체적당 위집 밀도를 구한다. 그리고 음향 어군 탐지기 또는 소나에 의해 어군의 범위를 파악하고, 그것의 체적을 추정한다. 한편, 어획 조사에 의해 위집 어군을 구성하는 각 개체의 체장과 습중량을 파악하고 체장 및 체중 환산식을 작성한다. 또한, 위집 밀도 × 체적에 의해 어군을 구성하는 모든 위집 개체수를 추정하며, 체장·체중 환산식으로부터 위집어의 생물량(biomass)을 추정한다.

3. 인공어초의 효과 조사 사례

1) 상자형 콘크리트 어초의 어획 생산성 조사

(1) 상자형 콘크리트 어초의 특성 및 배치 형태

인공어초의 효과 조사 목적 중의 하나는 새로 개발한 인공어초가 설계된 대로 기능을 발휘하느냐를 규명하는 것이다.

〈그림 11-15〉 내부와 바깥 상자로 구성된 상자형 콘크리트 어초(김 등, 2002).

여기에서는 상자형 콘크리트 어초에 대한 효과 조사(김 등, 2002)의 사례만을 기술한다. 상자형 콘크리트 어초는 습성이 서로 다른 2종류의 어류가 동일 어초에서 서식할 수 있도록 설계된 것이다. 즉, 어종에 따라 서식 수층이 서로 다른 것에 착안하여, <그림 11－15>와 같이 동일 어초의 구조 형태를 2원화시켜 높이가 2m 이하인 부분은 주축성이 강하고 음영을 좋아하는 조피볼락 등과 같은 어류의 서식에 적합한 면 구조로, 2m 이상은 시각 및 청각 자극에 강하게 반응하는 참돔, 감성돔, 돌돔, 농어 등의 어류 서식에 적합한 테 구조로 설계하여 만들진 것이다. 이와 함께 이 어초의 체적이 $27m^3$로 비교적 큰 것을 감안하여 기존 어초의 시설 형태와 다른 1단(평면) 배치 형태로 시설한다.

(2) 상자형 콘크리트 어초의 시설 상태 및 규모

상자형 콘크리트 어초는 2000년 11월에 <그림 11－16>에서

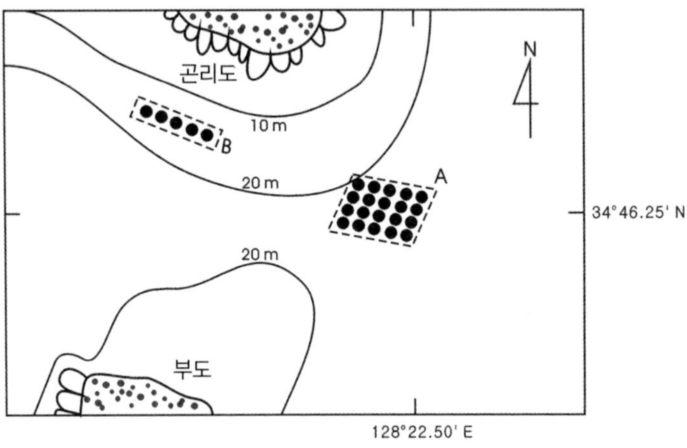

〈그림 11－16〉 상자형 콘크리트 어초의 배치 형태(김 등, 2002).

와 같이 수심이 20～30m인 해역에 20개, 15m인 해역에 5개가 각각 시설되었으며, 현장 조사는 어초를 시설한 후 9개월이 경과한 2001년 8월과 11월에 2회 실시되었다. 그리고 조피볼락 등의 치어 보육장으로서의 기능을 확인하기 위해 수심이 비교적 얕은 해역에도 시설되었다.

(3) 상자형 콘크리트 어초의 어업 생산성

① 어획 어종의 어초성 비교

삼중자망에 의해 상자형 콘크리트 어초에 대해 어획 조사를 실시한 결과, 어초 시설 해역에서 어획된 어종은 조피볼락, 넙치, 능성어, 참돔, 망상어, 말쥐치, 물가자미, 도다리 등 20종이었다(김 등, 2002). 그 중에서 상자형 콘크리트 어초의 시설 해역에서 어획된 어종은 조피볼락, 넙치, 능성어, 참돔, 말쥐치, 물가자미 등 16종이었고, 자연초 수역에서는 망상어, 말쥐치, 양태 등 12종이 어획되었다. 이들 어종에 대해 어초성을 분류해 보면(국립수산진흥원, 1989), <표 11-1>에서와 같이 어획

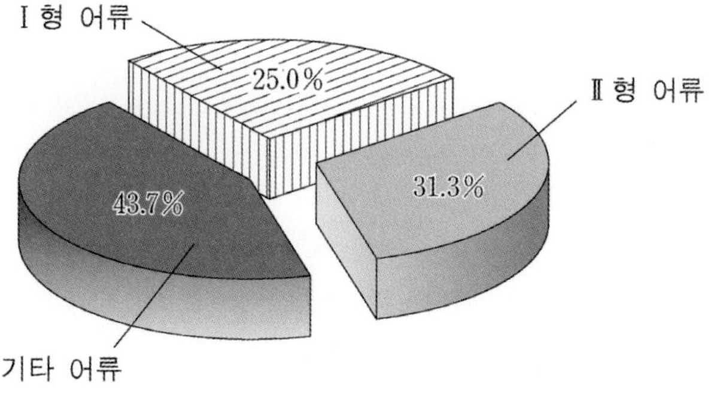

〈그림 11-17〉 상자형 콘크리트 어초에서 삼중자망에 의해 어획된 어종의 어초성 조성비(김 등, 2002).

〈표 11-1〉 상자형 콘크리트 어초 시설 해역과 자연초 수역에서 삼중자망에 의한 어획량과 어획 어류의 어초성 분류(김 등, 2002)

어초에 대한 어류의 반응 형태	어종명(학명)	폭당 어획량(g/폭)	
		상자형 어초 시설 해역	자연초 수역
Ⅰ형 어류	조피볼락(*Sebastes schlegeli*)	612.5	
	넙치(*Paralichthys olivaceus*)	80.0	
	능성어(*Epinephelus septemfasciatus*)	187.5	
	쥐노래미(*Hexagrammos otakii*)	131.3	
Ⅱ형 어류	쥐치(*Stephanolepis cirrhifer*)	35.6	
	돌돔(*Oplagnathus fasciatus*)	31.3	
	참돔(*Pagrus majorr*)	427.4	68.9
	말쥐치(*Thamnaconus fasciatus*)	46.3	31.3
	쌍동가리(*Parapercis sexfaxciatus*)	30.0	63.8
	달고기(*Zeus fabe*)		11.3
	망상어(*Ditrema temmincki*)		66.7
기타 어류	물메기(*Sliparis tessellatus*)	193.8	
	애꼬치(*Sphyraena japonica*)	3.8	
	홍어(*Raja porosa*)	165.0	116.3
	보리멸(*Sillago sihama*)	6.3	6.3
	노랑각시서대(*Cebrias fasciatus*)	7.5	3.8
	물가자미(*Eopsetta griogrjewi*)	178.8	103.8
	도다리(*Pleuronichthys cornutus*)	1,208.9	216.3
	개서대(*Cynoglossus robustus*)		37.5
	양태(*Platycephalus indicus*)		97.5
합 계		3,346.0	823.5

된 20종의 어류 중 주촉성이 강하고 음영을 좋아하는 Ⅰ형 어류는 조피볼락, 능성어, 넙치 등 4종이었고, 시각 및 청각 자극에 강하게 반응하는 Ⅱ형 어류는 참돔, 말쥐치, 망상어 등 7종이었다. 그리고 어초성이 불확실하거나 확인되지 않는 종도 9종이나 되었다. 어초성을 갖는 어류의 경우에는 <그림 11-17>에서와 같이 Ⅰ형 어류 4종(25.0%)은 상자형 콘크리트 어초에서만 어획되었으며, Ⅱ형 어류의 경우 상자형 콘크리트 어초(31.3%)와 자연초에서 각각 5종이 어획되었다. 한편, 참돔은 자연초 수역보다 상자형 콘크리트 어초 해역에서 어획 중량으로 6배 정도 더 많이 어획되었으며, 참돔 이외의 어종은 상자형 콘크리트 어초의 시설 해역에서 16종으로 자연초 수역의 12종에 비해 많았다. 또한, 이 어초를 수중에 시설한 후 9~11개월이 경과한 시점에서 잠수 관찰을 실시한 결과, 그것의 2m 이상 높이에서는 참돔의 위집이 확인되지 않았으나, 2m 이하에서는 일정하게 유영하고 있는 참돔의 무리를 관찰할 수 있었으며, 어획 시험에서도 참돔이 어획되었다. 한편 능성어와 조피볼락의 경우 상자형 콘크리트 어초의 저면 주위나 그것의 내부에 위집해 있는 것이 관찰되었다. 또한 어획 시험에서도 이들 어종이 어획되었으므로 상자형 콘크리트 어초가 초기 설계 목적과 부합되는 기능을 발휘하고 있는 것이 확인되었다(김 등, 2002).

② 상자형 콘크리트 어초의 시설 해역과 자연초에서 삼중자망에 의한 어획량 비교

상자형 콘크리트 어초의 시설 해역과 자연초 수역에서 삼중자망에 의한 어획 시험 결과, <그림 11-18>과 같이 상자

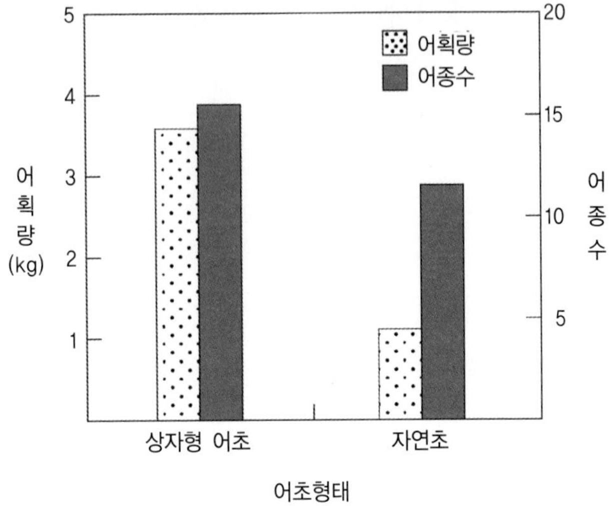

〈그림 11-18〉 상자형 콘크리트 어초 해역과 자연초 수역에서 삼중자망에 의한 어획 효과(김 등, 2002).

형 콘크리트 어초의 경우 어획 어종은 16종이고 어획량은 폭당 3.4kg이었으며, 자연초 수역에서는 각각 12종과 0.8kg이었다. 상자형 콘크리트 어초 시설 해역과 자연초 수역에서의 어획 효과를 비교해 보면 어종 수에 있어서는 큰 차이가 없었으나, 어획 중량에 있어서는 상자형 콘크리트 어초 시설 해역에서 4.1배 정도 높게 나타났다. 이것은 상자형 콘크리트 어초가 인공어초로서의 기능을 양호하게 발휘하고 있다는 것을 나타낸다. 특히 조피볼락, 능성어, 넙치, 참돔 등의 어종이 상자형 콘크리트 어초에서 더 많이 어획되었으며, 이것은 이 어초의 구조가 이들 어종을 위집시키는데 적합하다는 것을 의미한다.

2) 다기능 고층 어초의 비용 편익 분석

여기서는 강제와 콘크리트를 조합하여 만든 다기능 고층 어초의 비용 편익 분석에 의한 어초의 효과 사례(김 등, 2007)를 소개한다.

(1) 다기능 고층 어초의 구조 형태

다기능 고층 어초는 <그림 11-19>와 같이 가로, 세로 및 높이가 모두 15m이고 정착성 및 회유성 어류가 서식 및 체류하는데 적합하도록 콘크리트와 강재를 사용하여 피라미드 형상의 프레임 구조물로 설계된 것이다. 또한 어초의 구조를 상층, 중층 및 하층 프레임으로 3원화시킴으로써 하층 프레임에는 조피볼락, 쥐노래미, 쏨뱅이, 넙치 등과 같은 주촉성 어류의 서식 및 체류 공간을, 중층 프레임에는 참돔, 돌돔, 감성돔,

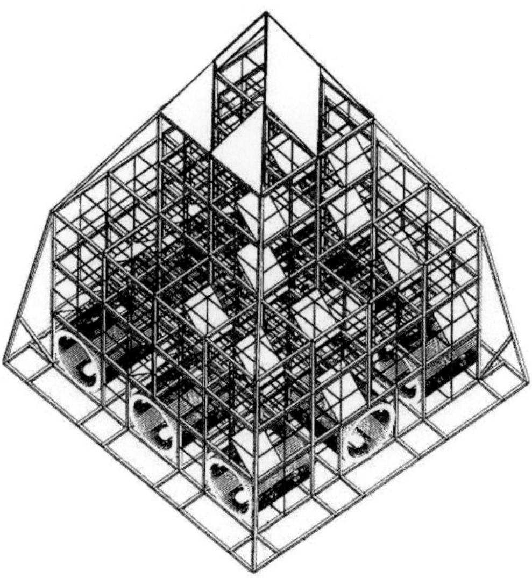

〈그림 11-19〉 다기능 고층 어초(김 등, 2007).

농어 등과 같은 보목표성 어류를 위한 최적의 서식 및 체류 공간을 제공할 수 있도록 하였다(田中, 1979; 1986). 또한 상층 프레임의 경우 방어, 삼치, 고등어, 전갱이 등과 같은 회유성 어류를 위한 체류 공간을 제공할 수 있도록 설계된 것이다.

(2) 다기능 고층 어초의 어종 수 및 어초성 분석

다기능 고층 어초에서 어획된 어종은 조피볼락, 넙치, 불볼락, 참돔, 말쥐치, 곰치, 참가자미 등 17종이었다(김 등, 2007). 이들 어종의 어초에 대한 반응 형태를 주축성(Ⅰ형), 보목표성(Ⅱ형) 및 회유성 어류(Ⅲ형)와 같이 3형으로 분류하면, <표 11-2>와 같이 주축성 어종은 조피볼락과 넙치의 2종이었고 보목표성 어종은 참돔, 불볼락, 말쥐치 등 6종이었으며, 어초에 반응하는 형태가 일정치 않은 기타 어종도 아귀, 문치가자미 등 9종이나 되었다.

(3) 다기능 고층 어초의 어획량 분석

다기능 고층 어초에서 삼중자망에 의해 어획된 폭 당 어획량은 <표 11-2>에서와 같이 약 4.6kg이었으며, 주요 어획 종은 조피볼락과 참돔으로 이들 어종이 전체 어획량의 52.4%를 차지하였다. 앞에서 언급한 바와 같이 다기능 고층 어초는 높이가 15m로 저층(0~5m)에는 조피볼락 등 주축성 어류가, 중층(5~10m)에는 참돔 등 보목표성 어류가, 상층(10~15m)에는 전갱이 등 회유성 어류가 위집되도록 설계된 것이다. 특히, 조피볼락 등 주축성 어류가 면 구조를 선호하는 습성을 이용하여 이 어초의 저층에 콘크리트 흄관을 설치하였으며, 수심이 43m인 해역에 시설된 것은 조피볼락이 겨울철에도 월동

〈표 11-2〉 다기능 고층 어초에서 삼중자망에 의한 폭당 어획량 및 개체수(김 등, 2007)

어류의 반응 형태 (어초성)	어종명	학명	생체량(g)		개체수		전장 범위(cm)	
			어초구	비교구	어초구	비교구	어초구	비교구
Ⅰ형 어류	조피볼락	*Sebastes schlegeli*	1,709.4	779.5	4.3	2.2	17.0~39.0	17.4~34.5
	넙치	*Paralichthys olivaceus*	216.7	0.0	0.3	0.0	32.5~46.0	
Ⅱ형 어류	참 돔	*Pagrus major*	677.1	16.3	1.3	0.1	14.2~41.0	
	불볼락	*Sebastes thompsoni*	15.8	0.0	0.2	0.0	18.0~19.0	
	쌍동가리	*Parapercis sexfasciata*	37.3	40.8	0.3	0.4	18.0~23.0	18.5~21.0
	말쥐치	*Thamnaconus fasciatus*	58.3	0.0	0.1	0.0	34.5	
	쥐치	*Stephanolepis cirrhifer*	3.3	0.0	0.1	0.0	12.7	
	달강어	*Lepidotrigla microptera*	9.7	0.0	0.1	0.0	22.0	
기타 어류	문치가자미	*Limanda yokohamae*	290.0	59.2	0.8	0.3	15.0~36.0	26.5~30.0
	노랑가오리	*Dasyatis akajei*	360.0	0.0	1.1	0.0	19.0~26.0	
	도다리	*Pleuronichthys cornutus*	393.0	118.7	1.0	0.3	25.2~32.3	28.3~35.0
	성대	*Chelidonichthys spinosus*	18.3	0.0	0.1	0.0	28.5	
	아귀	*Lophiomus setigerus*	373.3	137.5	0.2	0.1	50.0~55.0	50.5
	장갱이	*Stichaeus grigorjewi*	2.0	187.1	0.1	0.4	10.0	41.0~47.0
	참서대	*Cynoglossus joyneri*	8.3	0.0	0.1	0.0	28.0	
	풀넙치	*Citharoides macrolepidotus*	23.8	23.3	0.6	0.4	17.0~19.0	16.5~20.0
	홍어	*Okamejei kenojei*	354.2	768.0	1.1	1.9	21.0~26.0	21.0~31.0
합계	17종		4,550.6	2,130.3	11.7	6.0		

할 수 있도록 고려된 것이다. 조사 결과, 주축성 및 보목표성 어종은 어획되었으나, 회유성 어종은 어획되지 않았다(김 등, 2007).

(4) 비용 대비 효과 분석

<표 11-2>를 이용하여 다기능 고층에서의 연간 증산량(어획량)을 구하면, 1,452kg이 되며, 이를 금액으로 환산하면 연간 14,521,800원이 된다. 증산량 산정의 경우, 어가는 kg당 10,000원, 척당 어구의 사용 폭수는 4폭, 조업 일수는 150일, 조업 선박의 수는 1척으로 하여 계산하면 <표 11-3>과 같이 된다. 한편 경비는 적지 조사비, 할인율은 6.5%로 하여 비용 대비 효과를 산정한 결과, 사업 효과는 1.41로 나타나 다기능 고층 어초는 투자 효과가 비교적 높은 것으로 추정되었다.

〈표 11-3〉 다기능 고층 어초의 비용 대비 효과 분석표(김 등, 2007)

증가 편익액							감소 편익액		
직접 편익 (천 원)			간접 편익 (천 원)			순익 합계 (천 원)	무효 투자액 (A)	A의 회수 예정기간 (B)	A/B
편익액	경비	순익액	편익액	경비	순익액				
14,522	1,000	13,522	–	–	–	13,522	–	–	–

증감순 편익액 (C, 천 원)	내구 연수 (D, 년)	타당 투자액 (E, 천 원) $C/[(0.065(1+0.065)^D)/(1+0.065)^D-1]$	사업비 (F, 천 원)	사업 효과 (E/F)
13,522	30	176,579	125,200	1.41

참고문헌

Milion, J.W., S.M. Halland and D.J. Whitmarsh, 2000. Pages 165－194 in Seaman, W., Jr., ed. Artificial reef evaluation with application to natural marine habitats. CRC Press, New York.

日本水産廳, 2003. 魚礁原單位調査マニュアル(案), pp. 1－16

田中 克, 1979. マダイ稚魚の底生生活への移動過程. 水産土木, 16(1), 47－57.

田中 克, 1986. 稚仔魚の生態. マダイの資源培養技術(田中 克・松官義晴編). 恒星社厚生閣 東京, pp. 59－74.

국립수산진흥원, 1989. 전국 연안 인공어초 어장의 생산성 조사. pp. 26－28.

김창길, 김호상, 김태호, 백철인, 박영철, 박차수, 양용수, 배봉성, 하현철, 김용우, 2002. 통영 해역 바다목장화 연구 개발 용역 사업 보고서(기능성 인공어초에 의한 바다목장 조성), 국립수산진흥원, pp. 25－31.

김창길, 김호상, 서성호, 조재권, 최임호, 김병섭, 오태건, 김태진, 문경훈, 김잔디, 김명화, 2007. 통영 해역 바다목장화 연구 개발 용역 사업 보고서(인공어초 조사). 국립수산과학원, pp. 11－17.

제12장 인공어초 어장의 이용 및 관리

인공어초에 의해 조성된 어장의 이용과 관리는 양면성을 갖는다. 어장의 이용은 그것이 생산성을 갖는다는 것을 의미하며, 관리는 인공어초 어장을 지속적으로 이용하기 위한 수단으로 이용은 관리 수준에 의해 영향을 받는다고 할 수 있다.

1. 인공어초의 어장의 이용

인공어초 어장을 효율적으로 이용하기 위해서는 어업별 및 어촌계별로 협의 과정을 거쳐 이용 방안을 강구해야 한다. 다음은 일본의 사례를 소개한다(日本全國沿岸漁業振興開發協會, 2000).

1) 인공어초 어장에서의 복수 어업의 이용

인공어초 어장에서 복수의 어업이 이용될 경우에는 어업의 종류마다 이용하는 장소의 구분(공간적 구분)과 조업 시간의 구분(시간적 구분) 등에 의해 그곳이 질서 있게 이용될 수 있도록 해야 한다. 예를 들면, 외줄낚시 등 낚시 어업과 자망 등의 그물 어업이 동일 인공어초 어장에서 이루어지는 경우 단위어초로부터 일정 거리(200~300m) 내에는 자망의 부설을 금지함으로써 장소와 조업 시간을 구분하는 방법이 있다.

2) 인공어초 어장의 지역간 이용 조정

공동 어업권 구역 밖에 조성된 인공어초 어장은 보통 복수 어촌계(수협)의 어업인들에 의해 이용된다. 하나의 인공어초 어장에서 복수의 어업인들이 2개 이상의 어업을 이용할 경우에는 어법, 조업 범위, 조업 기간 등에 대한 조정이 필요하다. 또한 복수 어촌계의 어업인들이 인공어초 어장을 이용하기 위해 낚시 등의 조업선을 그곳에 집중시키는 경우에는 조업 방법과 조업 시간에 대한 조정이 필요하다. 일본 후쿠시마현(福島縣) 소우마(相馬) 수역에 시설된 인공어초 어장에 있어서 복수 어협·어업 종류의 결정(약정) 사례를 소개하면, 소우마 수역의 인공어초 어장은 주로 4개의 어협이 이용하고 있다. 이 4개의 어협은 소우마 지구 인공어초 이용 위원회를 설치하고 이용 관리 규정과 세칙, 이용 확립 요령(벌칙 규정), 낚시 선박과의 이용 규정 등을 정해 인공어초 어장에서 질서 있는 이용과 안정된 어획을 실시하고 있다. 그리고 인공어초 어장의 이용·관리는 주로 다음과 같이 이루어지고 있다.

인공어초의 주변으로부터 외측으로 100m 정도 표지로 설치하여 그 안쪽에는 보호 구역으로 정한다. 보호 구역 내에서는 연승이나 외줄낚시 어업만 허가하고, 그 주위에서는 고정 자망 등으로 조업한다. 보호 구역 내에서의 연승과 외줄낚시 어업의 조업 기간은 2월 1일부터 4월 11일까지이고 그 외 기간은 금어기로 정해져 있다. 또한 보호 구역 주위에서 조업하는 고정 자망의 경우 총 척수가 제한되어 있기 때문에 어촌계마다 조업 장소와 조업 척수를 결정해야 한다. 그리고 인공어초 어장의 보호 구역 및 그 주변 해역에서 이루어지는 조업의 경우 조업 기간 외에 조업 시간과 어구가 제한되고 다른 어업과의 이중 조업이 금지되어 있다. 협정에 의해 보호 구역에서는 낚시 어선의 이용을 금지하고 있다. 한편 표지 설치비 등의 경비는 척수의 비율에 따라 각 어협이 부담하고 있으며, 소형 선주회 4단체와 어협의 청장년부가 1개월간 윤번제로 조업 위반 등을 감시하고 있다. 또 하나의 예로 일본 토쿠시마현(德島県) 카미나다(上灘) 지구의 대규모 인공어초 어장에 대한 복수 어협의 결정 사례를 보면, 카미나다 지구의 인공어초 어장에서는 전갱이류의 내유 위집에 의해 어장의 이용이 증가되었기 때문에 어업 간 협의를 통해 조업 순번표를 매일 작성하여 조업하는 등 낚시 어업이 질서 있게 이루어지고 있다. 인공어초 어장에서의 협의 사항을 보면, 정박 조업은 가능한 한 대규모 인공어초 어장에 제한되고, 조업 기간은 11월 1일부터 11월 30일까지이다. 또한, 조업 시간은 오전 6시 30분부터 오후 3시 30분까지이며, 이것은 필요에 따라 조정이 가능하다. 그리고 여러 어협이 한 인공어초 어장에서 동시에 조업하지 않고 해당 해역에 시설된 인공어초 단지를 골고루 이용할 수 있도록 순번을 정해서 조업하고 있다. 비교적 수심이 깊은 곳에 시설된 대규모 인공어초 어장에서는 1월 1일부터 4

월 30일까지 묘박이 허용되며, 휴일인 경우에는 그 전일에 휴어를 한다. 조업 인원은 선박 1척에 2명 정도이고 1개 어협에 한해서 오전에 1회의 묘박을 허용하고 있다. 또한 선단은 종으로 3척 정도이고 낚시 어선의 조업을 금지하고 있으며, 조업 중 날씨가 좋지 못 할 때에는 서로 협의하여 조업을 중지하고 있다.

3) 인공어초 어장의 이용 방안

앞장에서 언급한 바와 같이 일본에서는 인공어초가 자원의 배양 측면뿐만 아니라 어획의 장으로서 크게 각광을 받고 있다고 할 수 있다. 그러나 인공어초의 시설로 인해 호적 환경을 제공함으로써 남획의 장이 될 우려도 있다. 그리고 인공어초 어장에서 사용되는 주어구는 낚시이지만, 많은 어업인들은 낚시 이외에 저인망, 자망 등 그물 어구를 사용하여 조업하는 경우도 빈번하게 발생하고 있는 실정이다. 이로 인해 인공어초 어장에 그물 등이 걸려 그것의 기능을 상실하는 경우도 많아지고 있다(佐藤, 1984). 따라서 지속적으로 인공어초 어장을 관리하기 위해서는 그곳에서 과도한 어획과 저인망이나 자망 등 그물 어구의 사용을 자제해야 할 것이다. 이와 함께 인공어초의 기능을 평가하여 문제점이 있는 경우에는 그것을 개선하고 신규로 수행하는 사업을 반영해야 하며, 인공어초의 적지 선정에서부터 관리에 이르기까지 관련 자료를 전산화하여 인공어초를 수산 기반 시설물로서 관리해야 한다.

2. 인공어초의 관리

인공어초의 관리 개념은 시대와 함께 변하고 있다. 2000년대 이전에는 주로 인공어초에 걸린 폐 그물 등의 제거를 통한 어초의 기능 유지에 역점을 두었다. 그러나 2000년대 이후부터는 기존 어초에 대한 시설 상태의 분석, 폐 그물 제거, 기능 평가 등을 실시하여 수산 기반 시설물로서의 관리 개념을 도입되게 되었다. 이와 같은 배경에는 2000년대 이전까지는 인공어초의 시설 목적이 주로 불법 어업의 방지 측면이 강했으나, 2000년대 이후부터는 인공어초를 하나의 자원 배양체로서 생각했기 때문이다. 즉, 인공어초 어장을 생산의 장으로 생각하고 있으며, 지속적인 생산을 위해 체계적인 관리가 필요했던 것이다.

3. 인공어초의 관리 체계

인공어초의 관리를 위해서는 기존 자료의 확보가 무엇보다 중요하다. 기존 자료로는 인공어초를 시설하기 전에 실시하는 적지 조사 자료, 제작 및 시설 자료 등이 있으며, 시설 후의 자료로는 시설 위치, 시설 높이, 시설 용적, 인공어초에 걸린 폐 그물 등 기능 유지 상태가 있다. 이들 자료 중에서도 전자의 자료는 불변적인 성질을 가지고 있는 반면, 후자의 자료는 시간 등 환경에 따라 변하는, 즉 가변적인 성질을 가지고 있다고 할 수 있다. 따라서 인공어초의 사후 관리는 후자 쪽에 초점을 두어야 한다.

1) 인공어초의 관리를 위한 조사 방법

인공어초의 관리를 위한 조사는 앞에서 언급한 바와 같이 주로 인공어초에 걸린 폐 그물의 제거 등 단순 조사에서 그것의 시설 위치, 폐기물 제거, 보수·보강 등 종합적으로 실

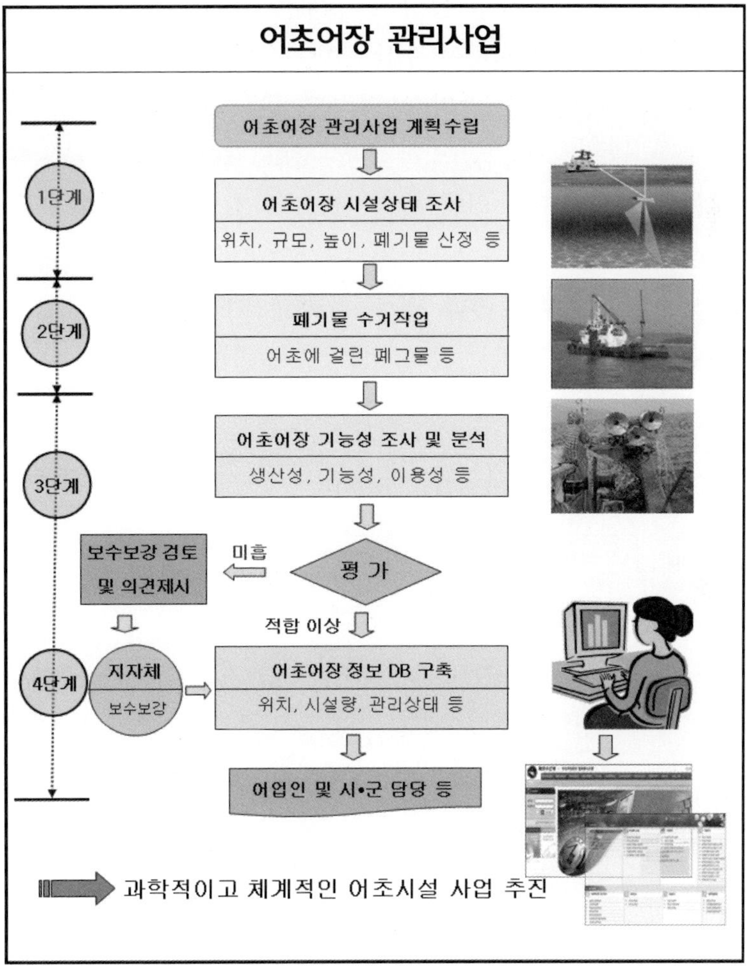

〈그림 12-1〉 인공어초 사후 관리 조사의 흐름도.

시하는 방법 등과 같이 다양하다. 후자의 방법은 주로 우리나라에서 수행되고 있으며, 관련 기술도 전 세계적으로 인정을 받고 있는 실정이다(Kim and Kim, 2008). 우리나라에서 실시하고 있는 인공어초 사후 관리 조사 방법의 경우 <그림 12-1>과 같이 인공어초의 시설 상태 조사, 그것에 걸린 폐기물 제거, 인공어초 어장의 기능 평가 및 조사 자료의 전산화와 같은 4단계로 수행되고 있다.

(1) 인공어초의 시설 상태 조사(1단계 조사)

1단계 조사에서는 인공어초의 시설 위치, 시설 높이, 면적, 집적 혹은 분산, 매몰, 세굴 등 그것의 시설 상태, 시설량의 산정 등이 행해지고 있다. 이 조사에 주로 사용되는 장비로는 <그림 12-2>와 <그림 12-3>과 같은 양방향 음파 탐사기(side scan sonar)와 <그림 12-4>와 같은 다중빔 음향 측심기(multi beam echo sounder) 등이 있다. 위치 조사는 과거에 시설된 인공어초의 대부분이 동경 측지계로 되어 있기 때문에 시설 시 주어진 좌표와 실제 시설 좌표와는 많은 차이가 있으므로 DGPS를 사용하여 세계 측지계로 변경·수정하는 것이 필요하다. 이 과정은 인공어초의 정확한 위치 정보, 인공어초(단위어초) 간의 거리 유지 등 투영 면적(해저 면적 당 실제 인공어초의 시설률)의 정확한 확보를 위해 필요하다. 우리나라에서는 1개 인공어초 시설 단지량(단위어초의 시설량)의 최소 규모를 800공m^3으로 하고 있으며, 단위어초 간의 거리(인공어초의 유효 어장 범위)는 600m로 하고 있다. 따라서 단위어초 간의 정확한 거리 유지는 유효 어장의 확보 측면, 즉 시공비와 관련되는 중요한

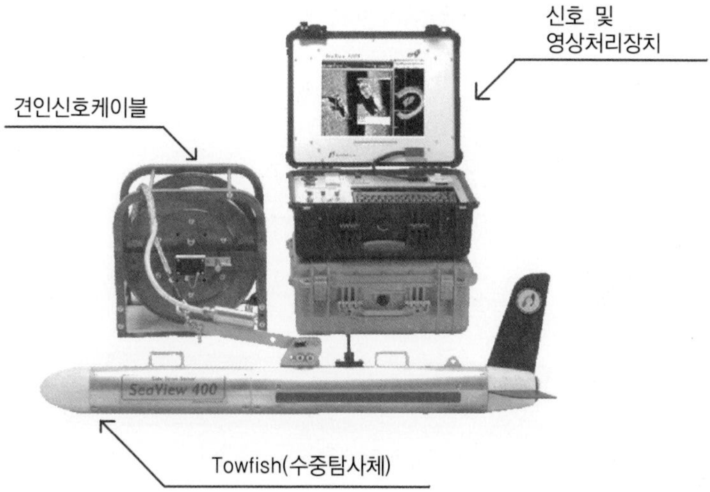

〈그림 12-2〉 양방향 음파 탐사기의 구성 예.

요소인 것이다. 1단계 조사에서 중요한 것은 인공어초의 시설 높이를 측정하는 것이며, 이 과정에서 매몰, 세굴, 침하, 상적 어초의 이탈 원인 등을 분석한다. 인공어초의 높이는 어류의 위집에 중요한 요소로서 저층성 어류의 경우 5m이고, 회유성 어류의 경우 수심의 10% 또는 수온약층이 자주 발생하는 해역은 수온약층의 윗부분에 그것의 높이가 유지되도록 해야 한다. 또한 1단계 과정에서 중요한 요소는 <그림 12-5>와 같은 인공어초의 시설량에 대한 산정(확인)이다. 그리고 단위어초의 시설량은 어류의 위집 혹은 배양과 관련된 것으로 궁극적으로는 조업의 면적과 관계가 있다. 따라서 기존 시설된 인공어초의 규모 산정이 중요한 요소이며, 이 과정에서는 앞에서 언급한 인공어초의 계측에서와 같이 매몰, 세굴, 침하의 원인을 분석하여 신규 사업 수행 시 이를 반영해야 한다.

〈그림 12-3〉 양방향 음파 탐사기의 운용 예.

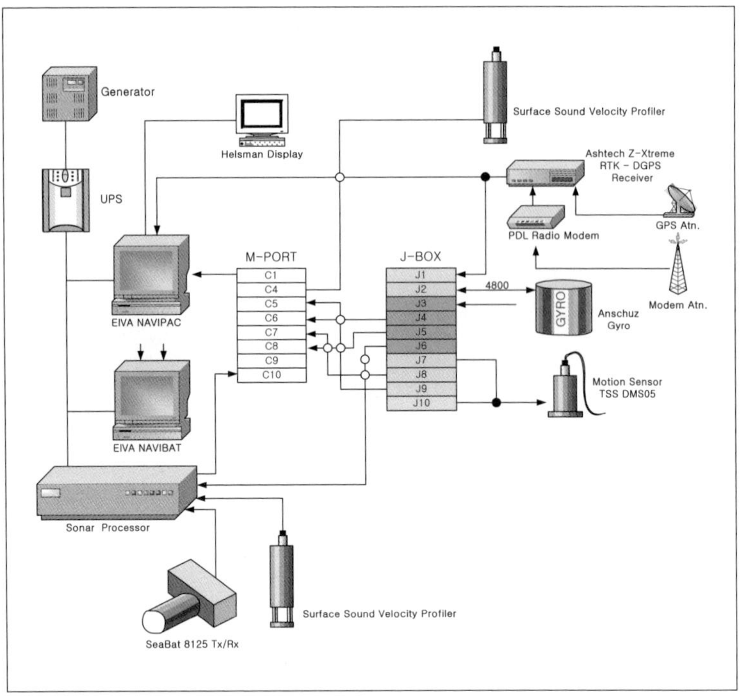

〈그림 12-4〉 다중빔 음향 측심기의 시스템 구성 예.

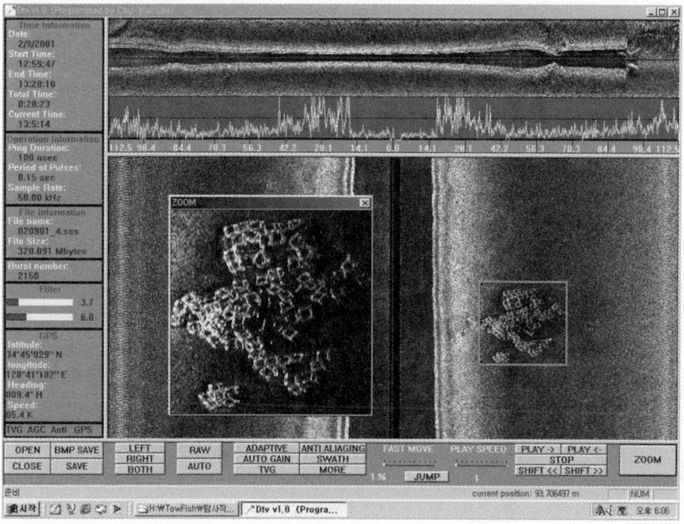

〈그림 12－5〉 양방향 음파 탐사기에 의한 사각형 어초의 시설 상태 예.

(2) 인공어초에 걸린 폐기물 제거(2단계 조사)

2단계 조사에서는 <그림 12 - 6>과 같이 인공어초에 걸린 폐 그물의 산정 및 제거 작업을 실시한다. 이 조사에서는 잠수부(2인 1조)를 이용하여 인공어초에 걸린 폐 그물 등 폐기물을 산정하는데, 조사 대상 인공어초의 중앙 점을 중심으로 4방위(동, 서, 남, 북)에 대하여 잠수 조사를 실시한 후 인공어초에 걸린 폐기물의 종류와 걸린 위치를 표기하고 폐기물의 전체 양을 산정한다. 조사된 폐기물은 종류와 무게에 따라 잠수부가 직접 인양하거나 선상 크레인을 이용하여 인양·제거하고 있다. 그러나 폐 어구가 인공어초에 걸려 조업과 인공어초의 기능에 지장을 주는 경우라도 비용과 효과와의 관계를 검토하여 그것을 모두 제거해야 한다. 인공어초에 걸린 폐 그물의 제거 방법에는 잠수 작업에 의한 제거 방법, 폐 그물이 걸

〈그림 12-6〉 인공어초에 걸린 폐 그물의 예.

린 인공어초를 선상에 끌어 올려 그것을 제거한 후 다시 시설하는 방법, 절단용 갈고리에 의한 제거 방법, 자기 항해식 수중 비디오카메라가 장착된 절단기에 의한 제거 방법 등이 있다. 먼저 잠수 작업에 의한 제거 방법은 잠수부가 인공어초에 걸린 폐 그물을 절단하거나 회수하여 선상으로 올리는 방법으로 수심이 비교적 얕은(일반적으로 수심 30m 이내) 해역에 시설된 인공어초에서 행해지지만, 많은 비용이 소요된다. 다음으로 폐 그물이 걸린 인공어초를 선상에 끌어 올린 후 그것을 제거한 후 다시 시설하는 방법의 경우, 인공어초 자체를 크레인 등으로 바지선에 올린 후 그물을 제거하고 다시 시설하는 것이다. 그리고 절단용 갈고리에 의한 제거 방법에서는 어선에 절단용 갈고리를 부착한 체인을 끌어 인공어초에 걸린 폐 그물을 제거한다. 한편 자기 항해식 수중 비디오카메라가 장착된 절단기에 의한 폐 그물의 제거 방법은 일본에서 제안된 것으로 원형 절단기를 자기 항해식 수중 비디오카메라에 장착시켜 선상에서 비디오카메라를 보면서 이를 조작하여 폐 그물, 밧줄 등을 절단한다. 이와 같은 인공어초에 걸린 폐기물의 제거 방법들은 수심 등의 작업 조건에는 비교적 영향을 작게 받지만 작업의 효율성 측면에서는 아직 개발의 여지가 많이 있다.

(3) 인공어초 어장의 기능 평가(3단계 조사)

3단계 조사는 인공어초 기능의 분석 과정으로 생물적, 공학적 및 사회·경제적 조사로 세분된다. 먼저 생물적 조사에서는 인공어초의 구조 형태(종류)와 시설 경과 연도별 생산성을 분석하는 것으로 주로 어획량으로 평가한다. 그리고 공학 조사에서는 인공어초의 세굴, 매몰, 침하, 전도 등 그것의 안정성과 열화에 의한 내구성 저하 등을 분석한다. 마지막으로 사회·경제적 조사에서는 인공어초에서 사용되는 어구의 종류와 이용률 등을 분석한다. 이상과 같은 3단계 조사에는 3가지의 목적이 있다. 첫째는 인공어초의 생산성 분석을 통해 그것의 효과를 파악한 후 생산성 향상과 저하 요인을 규명하는 것이다. 둘째는 인공어초의 안정성을 검토하여 현재 시설 해역의 조건이 설계 조건과 차이가 있는지를 분석하여 설계된 내구연수 동안 인공어초의 기능이 유지되도록 하는데 있다. 셋째는 주로 콘크리트 인공어초에 대한 열화 요인을 규명하여 새로운 인공어초 시설 사업 수행 시에 이를 반영해 주는 것이다. 이 3단계 조사의 각 공정에서는 생물적 조사의 경우 개량 어군 탐지기에 의한 어군량 추정 기술, 공학적 조사의 경우 매몰, 세굴 등을 분석하기 위한 양방향 음파 탐사기와 다중빔 음향 측심기 운용 기술과 내구성 평가를 위한 파괴 및 비파괴 검사 기술 등이 요구된다. 현 시점에서 인공어초 어장의 관리 조사 기술의 문제점은 조사 목적과 도출해야 할 결과를 정확하게 이해하지 못하는데 있다고 해도 과언은 아니다. 인공어초 어장의 관리 조사 목적은 인공어초의 기능이 지속적으로 유지되는데 필요한 요인을 분석하여 관리하는 데 있으며, 요인의 분석은 주로 인공어초의 기능 저하 요인과 기능 강화 요인으로 나누어 실시되고 있다. 인공어초의 기능 저하 요인으로는 1단계 조사(인공어초의 시설 상태 조사)의 경우 원래 시설된 인공어초가 침하나 매몰 등에 의해 피해 없이 보존되어 있는가를 확인하는 것이다. 이 과정에서 발생하는 문제점은 인공어초의 매몰이나 세굴의 깊이 등 계측 자료에 대해 신뢰성이 높지 않고, 사각형 어초와 같이 집적된 인공어초에 대해서는 정확한 양을 산정하기 어렵다는 것이다. 그리고 2단계 조사(인공어초에 걸린 폐기물의 산정 및 제거)에서는 수심이 30m보다 깊거나 탁도가 낮고 조류가 강한 해역의 경우 현실적으로 잠수에 의한 조사가 불가능하다는 것이다. 또한 잠수 관찰이 가능한 해역이라 할지라도 잠수 시간의 제약으로 인해 조사 기간이 길어지고 많은 비용이 소요되므로 기기 사용을 통한 개량화 된 방법이 절실히 요구되고 있다. 한편 3단계 조사(인공어초의 기능 분석) 중 공학적 조사에서는 <그림 12-7>과 같은 인공어초의 세굴, 매몰, 침하 등이 발생된 경우 이러한 현상

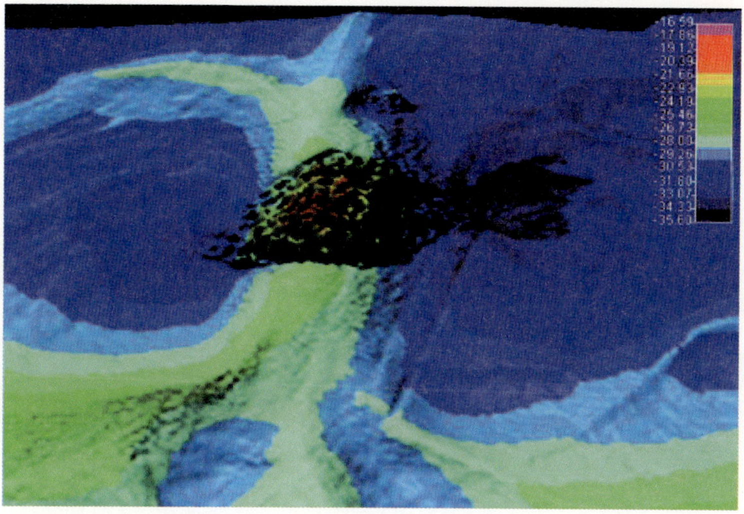

〈그림 12-7〉 인공어초의 세굴 및 퇴적 예.

이 적지 조사 등 사전 조사 과정에서 기인된 것인지 혹은 인공어초 시설 해역 근처의 모래 채취 등의 원인에 의한 것인지, 즉 단일 요인에 의한 것인지 복합 요인에 의한 것인지를 조사 자료만으로는 분석하기 어려운 경우가 많다. 또한 인공어초의 열화에 의한 내구성 평가 조사에서는 비파괴 검사에서 측정한 압축 강도와 철근 부식 등에 대한 자료의 신뢰성 확보와 배합비 추진 과정에서의 기초 자료 부족 등 많은 어려움이 있다.

(4) 조사 자료의 전산화(4단계 조사)

4단계 조사는 앞에서 언급한 1단계부터 3단계까지 조사된 자료를 전산화하는 작업이다. 이 조사의 목적은 인공어초의 수명이 30년 정도인 점을 감안하여 인공어초를 수산 기반 시설물로서 관리하는데 있다. 전산화 작업에 이용되는 자료에는 사후 관리 조사 자료 이외에 인공어초 적지 조사 자료, 제작 및 시설 자료 등에 대한 자료도 포함된다. 이 조사는 인공어초 사후 관리 조사의 계획 수립 및 관리 측면에서 필요한 과정이라 할 수 있다.

(5) 인공어초 어장의 관리 개선

인공어초 어장의 관리 조사 기술 개선은 앞에서 제기한 문제점에 대한 대책을 의미한다. 즉, 1단계 조사(인공어초의 시설 상태 조사)의 경우 인공어초의 매몰이나 세굴의 깊이 등 계측 자료의 신뢰성 확보를 위해서는 단순한 탐사적 차원을 벗어나 주 조류 방향, 모래의 입자, 표사나 유사 이동 거리 등 관련 자료에 대한 정보를 입력함으로써 퇴적이나 세굴 정보를 얻을 수 있는 프로그램의 개발 등 종합적인 분석 기술이 필요하다. 또한 사각형 어초와 같이 집적된 인공어초의 양을 정확하게 산정하기 위해서는 어초단체의 공극률도 중요하지만 집적된 그것의 형상에 따른 전체 형상의 공극률을 정확하게 산정하여 전체 용적을 구해야 한다. 2단계 조사(인공어초에 걸린 폐기물의 산정 및 제거)의 경우 잠수부에 의한 조사에서는 조사자의 주관 등 관능적인 오차가 유발될 수 있는 요인이 많이 있으므로 기계적인 방법으로 폐기물의 양을 산정하고 제거하는 기술이 필요하다. 그리고 인공어초에 걸린 폐기물의 양을 산정하기 위해서는 고주파 양방향 음파 탐사에 의한 방법도 고려할 필요가 있다. 이 기기는 저주파 방식이며, 앞으로 고주파 방식의 장비가 개발되면 폐기물이 걸린 위치, 걸린 형태, 폐기물량의 추정 등에 대해서도 충분한 정보를 제공할 수 있을 것이다. 인공어초에 걸린 폐기물을 제거하는 경우에도 앞에서 언급한 바와 같이 폐기물이 걸린 형태를 분석하는 것이 무엇보다 중요하며, 분석된 자료를 토대로 조사 비용과 시간을 절감하기 위해서는 적절한 공법을 적용하여 개선해 가야 한다. 한편, 인공어초의 기능 평가 기술 중 내구성 평가 조사의 경우, 강도 등 물리적 조사와 염분량, 배합비 추정, 철근 부식 등 화학적 조사에 대해서도 기계적 오차 등에 의한 신뢰성 n 확보에 특별한 주의가 요망된다.

참고문헌

Kim, C.G. and H.S. Kim, 2008. Post-placement management of artificial reef in Korea. Fisheries, American Fisheries Society(in press).

日本全國沿岸漁業振興開發協會, 2000. 沿岸漁場整備開發事業 人工魚礁漁場造成計劃指針. pp. 90-107.

佐藤 修, 1984. 人工魚礁, 恒星社厚生閣, 東京, pp. 123-130.

제13장 바다목장

1. 바다목장의 개념 및 시스템 설계의 접근 방법

바다목장을 형상화하여 감각적으로 이해하는 것은 매우 어렵다. 그래서 이것을 육지의 목장을 예로 들어 설명하면, 미국 또는 오스트레일리아와 같은 대륙에서 볼 수 있는 광활한 구역에서 자연의 초원을 이용한 소(牛) 방목, 혹은 몽고 지방에서 볼 수 있는 것처럼 초원을 찾아 양(羊)을 데리고 다니는 유목(遊牧) 등 대규모의 것으로부터 스위스 등의 산악 지역에서 볼 수 있는 여기저기 질서 정연하게 놓여 있는 목사(牧舍)를 이용하여 재배한 목초나 배합 사료 등을 먹여 소 등을 사육하는 소규모의 것까지 다양하다. 이들은 그것의 규모뿐만 아니라 발상의 근본에 있어서는 차이가 있지만, 이 모든 것이 토지의 사회·경제적 배경과 기후·풍토를 잘 이용하여 생산을 올리고 있으므로 모두 훌륭한 목장인 것이다. 여기서는 얼마만큼 자연을 합리적으로 이용하고 개개인의 지혜를 최대한 활용하여 생산을 올릴 것인가가 중요한 요소가 된다.

바다에 있어서도 거의 동일하다고 생각되지만 넓은 바다에서는 육지와 달리 그것의 구상은 보다 웅대하다. 예를 들면 바다목장이란 개념이 도입되기 전부터 바다에 연어를 방류하여 왔다. 즉, 하천에 소상(遡上)한 어미 고기로부터 난을 채취하여 수정을 시키고 부화장에서 부화시킨 치어를 건강하게 육성하여 바다에 방류해 왔다. 방류된 치어는 멀리 미국 서부 연안까지 회유하여 거기에서 천연의 먹이를 먹고 성장한 후 방류된 모천으로 회귀하는 특성을 이용하여 연어의 증식이 이루어지고 있는 것은 잘 알려져 있으며, 이것은 육상의 대규모 목장에 필적하는 것이다(藤谷, 1997).

바다목장은 앞에서 언급한 바와 같이 대상 해역의 생산성을 유지하고 향상시키기 위해 대상으로 하는 어종에 대해 해역에서의 수용력을 산정하고 자원량의 증강에 필요한 요소, 즉 먹이 생물, 서식장 조성, 서식 환경의 개선 등을 실시하고 단기간에 걸쳐 자원 증강이 필요할 경우 방류를 실시하는 종합적인 사업 형태를 말한다. 즉, 육지의 목장과 같이 소나 양에 해당하는 어류(조피볼락, 넙치, 참돔, 감성돔, 줄전갱이, 다금바리 등)를 사육하기 위해 필요한 먹이 생물을 조장해 주고 서식하는데 필요한 서식장(인공어초 등)을 보강해 주며, 필요한 경우 서식 환경의 개선을 위해 어장을 개량하여 어류의 증대를 꽤하는 방법인 것이다. 다만 육지의 목장과 다른 점은 바다목장에서는 대상으로 하는 어류 이외에 기존 자원의 증강을 고려하여 단일 종의 우점화로 인한 환경의 균형을 깨뜨리지 않는 범위 내에서 해역의 생산력을 최대로 활용한다는 것이다(김 등, 2000).

2. 바다목장의 기본 틀

바다목장은 대상으로 하는 해역의 특징을 활용하여 필요한 기술을 과학적, 합리적으로 결합시켜 수행하는 것으로 4가지 형태로 나눌 수 있다(日本農林水産技術會議事務局, 1989).

1) 어장 조성 및 개량

바다목장을 조성하기 위해서는 특정 해역을 선정하여 그 해역의 지역적 특징과 사회·경제적, 과학적 및 기술적 배경과 주변 해역의 어업인들이 가지고 있는 기존의 기술 등을 잘 활용하고, 이들 요소 기술을 적절히 결합시켜야 한다. 대상 해역의 생산을 지배하는 가장 중요한 요소는 그곳의 환경 수용력이며, 환경 수용력이 불충분한 해역의 경우 그것을 증대시키기 위해 수산 토목 관련 기술의 활용이 요구된다. 또한 필요할 경우에는 인공 비옥 기술의 이용 등 물리·화학적 개선을 강구할 필요가 있다. 이를 위해 인공어초의 조성 기술, 작령(作澪), 해저 경운, 해저 환경 개선 등 어장 개량 기술, 해중림 조성 및 인공 비옥 기술 등이 필요하다.

(1) 인공어초의 조성 기술

인공어초에 의한 어장 조성의 경우 먼저 대상 어종에 대한 생태를 파악한 후 바다목장 조성 해역에 산란장을 조성할 것인가, 유·치자어의 보육장 또는 성육장을 조성할 것인가를 결정해야 한다. 유·치자어의 보육장을 조성할 경우 성장 단계별 인공어초 구조의 형태 및 인공어초 부재 간의 공간 크기 등을 고려해야 한다. 이와 함께 먹이 공급의 관계도 고려하여 인공어초의 시설 수심, 배치 간격, 시설량 등을 결정해야 한다. 성어 어획장의 경우 유·치자어 보육용 어초에 비해 공간과 구조가 수심에 따라 차이는 있지만 용적(크기)이 큰 인공어초가 바람직하다.

인공어초의 조성 면적과 관련해서는 내유 자원의 수용력을 고려하여 결정해야 한다. 실제적으로 내유 자원을 평가하는 것은 상당히 어렵기 때문에 기존 시설된 인공어초 어장의 어획량을 기초로 하여 인공어초의 시설량을 결정하는 경우가 많다.

(2) 해저 환경의 제어

사질대 해변 등 해저 환경은 넙치, 가자미 등 저서성 어류, 보리새우 등 갑각류, 전복, 바지락 등 패류의 서식 기반이므로 해저 환경의 제어는 저서 생물의 생산에 중요한 요소가 된다. 사질대 해안에서 수심이 10m보다 얕은 해역은 넙치, 가자미 등의 어류, 바지락, 대합 등 패류 치패의 침착장(沈着場)으로 이용되고 있다. 일반적으로 외해에 접한 사질 해변역에는 연안 사주가 형성되고 해안 쪽으로 밀려드는 크고 작은 파도에 의해 저면의 모래는 해변에 직각 혹은 평행으로 이동하므로 이안제(離岸堤) 등을 설치하면 인공적인 연안 사주(砂州)가 형성되어 생산성이 향상될 수 있다. 암초(암반)와 전석대(轉石帶)에서는 파도가 거칠고 쇄파 현상이 일어나 복잡한 흐름이 발생된다. 한편 생물학적으로는 전복, 성게, 닭새우 등은 각장에 따라 대부분 암초와 전석(轉石)의 틈 사이에 서식하며, 성체

뿐만 아니라 유생의 침착장과 성육장으로도 사질대가 이용되고 있으므로 천해의 적당한 해역에 인공적으로 암초와 전석지대를 조성함으로써 유용 암초에서 저서 생물의 배양을 기대할 수 있다(김 등, 2007). 보통 이와 같은 해역에서는 환경이 안정되면 해조의 부착과 성육이 기대되므로 해중림 조장에 크게 기여할 것이다.

2) 해중림 조성 기술

연안역의 어업 생산을 증대시키기 위해서는 연안의 유용자원을 증강시키는 것이 필요하다. 이와 함께 그 자원을 육성하는 어장의 조성도 소홀히 할 수 없는 상황이다. 이를 위한 방법으로는 많은 것들이 있지만 조장의 보호와 조성이 중요하다. 연안역의 대부분을 차지하는 암초 해역에 서식하고 있는 미역, 다시마 등의 해조류는 유용 수산 생물인 동시에 전복 등의 중요한 먹이가 된다. 한편 모자반과 식물로 구성된 조장(藻場)은 연안성 유용 어・패류의 산란장 혹은 유・치자어 보육장의 기능을 가지고 있다. 난류역에서 대황이나 감태의 유실과 한류역에서의 다시마 등의 황폐화는 해중림의 조성 기술을 활용하여 극복이 가능하다.

어떤 형태 등 조장 조성은 넓은 해역에 있어서 바다목장 기술의 일부분으로서 중요한 위치를 차지하고 있다. 그러나 대부분의 경우 갯녹음 등 해안에서 조장의 유실 원인으로 유아기(幼芽期) 동물에게 섭취되는 식해(食害)에 의한 피해도 있지만, 유아도 생태계 형성 요인의 하나이고 유용 생물의 초기 먹이의 역할도 함께 하고 있으므로 조장은 복잡한 요소를 포함하고 있다. 따라서 유·치자어의 보육장으로 할 것인가, 아니면 전복, 소라 등의 먹이장으로 할 것인가를 명확하게 하여 조장 등 해중림 조성 사업을 효율적으로 추진해야 한다.

3) 어업 자원의 배양(건강 종묘의 생산 및 방류)

어업 자원의 배양은 어업 생산성 향상의 기반을 유용한 어업 자원의 증식에 의존하는 것으로 인공 종묘의 생산과 방류, 해적 생물의 구제 등 해역의 생태계를 형성하는 종의 첨가와 치환을 주요 수단으로 하고 있으며, 바다목장 조성 사업의 중요 기술의 하나이다. 바다목장 조성 해역에 건강한 종묘 생산과 방류를 하기 위해서는 친어 양성, 인공 부화, 중간 육성, 치어 방류 등의 기술을 활용해야 한다. 이 경우 환경 수용력과 수산 생물의 생산을 증대시키기 위해서는 수산 생물, 특히 어류의 행동을 학습을 통해 제어하는 음향 순치 기술을 응용하는 것도 좋은 방법 중의 하나이다.

(1) 친어 양성 기술

종묘 생산의 생태는 양질의 난 또는 자·치어의 대량 확보 여부에 따라 달라질 수 있으며, 인공 종묘 생산을 하는 경우 건강한 친어 확보가 중요하다. 친어의 확보 방법에는 어획물로부터 성숙한 어류를 입수하거나 미성숙어를 비교적 단기간에 걸쳐 가두리에서 축양하여 양성하거나 유어를 장기간 사육하여 친어로 양성하는 것 등이 있다.

식품 생산으로서 양식은 체중의 증가를 중요한 요소로 고려하기 때문에 비만어가 생산되고 있지만, 친어의 양성을 위해서는 건강한 성어의 양성이 중요하며, 식품 생산 측면의 양식 기술과는 다르다. 건강하게 양성된 친어를 계획대로 숙성, 산란시켜 필요에 따라서는 인공 수정을 행하여 수정란을 채취하기도 한다. 최근에는 종묘 생산의 효율을 향상시키기 위해 부화 자어의 질을 향상시키는 것이 요구되고 있으므로 양질의 성어 육성이 중요하다.

(2) 먹이 생산 기술

종묘의 대량 생산 기술 개발로 종묘의 종류에 따라서는 천문학적인 수의 양산도 가능하게 되었다. 생태계의 식물 연쇄계로부터 생각하면, 보통 사육 시 1kg의 어류를 생산하기 위해서는 6～10kg(평균 8kg)의 생물 먹이를 공급해 주어야 하기 때문에 종묘 생산 단계에서 먹이 생물의 생산이 필요하다. 특히 종묘 생산 중, 부화 후 후기 단계에서 소형 갑각류에 속하는 요각류 및 단각류와 같은 먹이 생물의 경우 대형 먹이 생물이 대량으로 필요하다. 그러나 이들 생물에서 생활 주기(life cycle)의 회전 속도는 클로렐라와 로티퍼 정도는 빠르지만, 그 이후의 먹이 단계에서는 늦어 고밀도로 사육하기가 곤란하기 때문에 경우에 따라서는 종묘 생산의 제약 요소로 작용하는 경우도 있다.

종묘 생산의 시기 이외에도 먹이 생물을 배양·사육하여 보존해 두어야 하지만, 충분한 양을 확보하는 것은 쉬운 일이 아니다. 인공 사육된 생물 먹이의 경우 때로는 영양학적으로 균형을 잃은 경우가 있으므로 특수한 규조류나 배합 사료로 부족한 영양을 보충해 주어야 한다. 먹이 생물 대신에 인공

배합 사료의 개발이 요구되고 있으나, 영양 조성과 기호성의 측면에서 앞으로 개발해야 할 부분이 많다. 종묘 생산 시 먹이에 대해서는 아직 많은 문제점이 있지만, 지금까지 각종 식물 플랑크톤과 로티퍼 및 그 외 동물 플랑크톤이 많이 배양됨으로써 대량 종묘 생산이 가능하게 되었다.

(3) 종묘 생산 기술

우리나라의 종묘 생산은 현재 80여종에 대하여 기초 기술이 확립되어 있으며, 대량 종묘 생산이 가능한 종은 조피볼락, 참돔, 감성돔, 넙치 등 어류와 전복 등 패류 등이다. 일본의 경우 약 90종에 대하여 종묘 생산 기술이 개발되어 사업화되고 있다. 또한 지금까지 어렵다고 판단되었던 흰줄전갱이, 참치류에 대해서도 대규모 친어 양성, 채란, 인공 부화 기술 등이 개발되어 실험적으로 종묘 생산이 가능하게 되었고, 머지않아 이들이 양산될 전망이다. 이와 같이 종묘 생산 기술의 발전으로 인해 바다목장 사업을 위한 대상 어종의 선택의 폭이 한층 넓어지게 되었다.

(4) 중간 육성 기술

종묘 생산 시 육상의 수조에서 고밀도로 사육할 수 있는 어류는 체장이 1~2cm까지이며, 그 이후 단계에서 대량으로 치어를 사육하기 위해서는 해상 가두리 시설이 필요한데, 이와 같은 사육 방법을 중간 육성이라 한다. 이 시기에 치어는 자연 환경에 적응하면서 외적에 포식되지 않는 크기까지 자라게 된다.

이상에서는 어업 자원의 배양, 즉 건강한 종묘의 생산 및 방류에 대해 기술하였지만, 중대한 문제점 중의 하나는 방류한 후 어류의 행동 생태 등에 대한 파악이 어렵고, 특히 효과적인 수확과 직결된 기술이 확립되어 있지 않다는 것이다. 이것은 연어, 가리비 등 일부 종에 대해서는 성공했으나, 종묘 생산과 방류자(투자자) 및 수확자(수익자)가 서로 다른 경우가 많고 현행 어업 구조 하에서는 투자 채산을 평가하기 어려운 점도 안고 있다. 따라서 종묘 방류부터 수확 시까지 사회적 체계를 목표로 하는 동시에 해적 생물의 구제와 초기 감소의 방지 등을 위한 대책도 보다 체계적으로 확립해 둘 필요가 있다.

4) 어장 환경의 보존

어장 환경을 보존하기 위해서는 바다목장 조성 해역 및 그 주변 수역의 수질·저질 오염의 관리, 유해 물질의 배제 등을 목적으로 개발된 어장 환경의 보존 기술을 적용해야 한다. 특히 독성 물질에 대한 자·치어의 영향, 미량 물질의 만성 독성과 생체 농축을 고려할 필요가 있다. 또한 특정 중요 생물이 생육, 양성되고 있는 해역에서는 그 생물을 배려할 필요가 있다. 이미 해저가 오염된 해역에서는 퇴적물을 제거하거나 준설, 작령 등을 실시하여 어장의 기능이 회복되도록 해야 한다.

5) 어업 자원의 관리

어업 자원의 관리를 위해서는 관리형 어업을 목적으로 개발된 기술을 적용하고 법적 정비를 통하여 보호 수면을 설정하거나 낚시 등 유어 또는 관광 어업의 조성이 필요하다. 이것은 어디까지나 행정적 측면이 강하고 어업인과 이용자 측면에서 고려하면 조업 구역, 어기, 어구·어법, 대상 어종, 어획 체장, 어선 수, 어업인 수 등에 대한 각종 규제를 정하여 수산 생물이 안정적으로 재생산이 될 수 있도록 해야 한다. 그러나 이와 같은 접근 방법은 어업 자원을 무주물(無主物)로 고려하여 그 관리 책임을 사회 체제에 의존하는 것이며, 생산 증대를 위해 노력하면 할수록 어획 노력을 스스로 제한해야 하는 문제점을 안고 있다.

3. 바다목장에 의한 생산 확대 전략

바다목장의 구상 목적은 바다의 생산력을 충분히 이용하고 필요하면 생산 기구를 재편하여 어장을 종합화하고 생산의 효율화를 도모함으로써 대상 어종의 생산력을 증대시키는 것이다(日本農林水産技術會議事務局, 1989). 유용 어종의 생산성을 증대시키기 위해서는 먼저 대상 해역의 수용력이 문제가 되지만, 원칙적으로 바다의 수용력은 경제적으로 보면 변동하기 때문에 그 시점에서 바다의 물리적 환경과 생물 간의 경합에 의해 포화(飽和)상태가 되고, 시간이 경과함에 따라 균형을 이룬다고 생각된다. 따라서 그 해역에 서식하고 있는 특정 종을 증가시켜 새로운 바다의 질서를 형성하기 위해서는 인위적인 수용 조건의 개선이 필요하다. 앞에서 언급한 연어 방류 사업은 특별한 환경 개선이 필요 없이 자·치어를 방류하여 생산 확대에 성공한 사례로 평가되고 있지만, 이것은 종간의 경합 조건이 비교적 심하지 않았기 때문이라고 생각된다. 이에 비하여 유영력, 행동권, 종간의 경합 등에 문제가 많다고 여겨지는 참돔과 전복에 대해서도 똑같은 기대를 갖기 위해서는 해적 생물로부터 보호 등 생존 조건의 개선 대책도 동시에 강구해야 한다.

이와 같이 대상 종의 육성장은 어디까지나 자연 상태의 바다이지만, 어업 생산의 증대를 위해서는 그 대상 종에 따른 생육 조건의 과부족을 개선하고 감시를 전제로 하지 않으면 안 된다. 그런데 생물의 서식에 영향을 미친다고 생각되는 수온, 저질 등 서식 환경의 매개 변수는 많은 연구 결과에 의거 여러 형태로 나타낼 수 있다. 실제 환경 개선 시 필요한 조건은 수온, 염분 등 해수 조성, 수심, 유동, 저질 등 환경 외계, 영양염, 먹이 등 먹이 생물 및 병해, 식해 등 해적과 같은 4가지 요소로 나누어진다. 즉 이와 같은 분류는 인간 생활의 의식주라는 기본 개념과 비슷한 것으로 어·패류의 생리 상태에 관한 해수 조성, 이료(餌料)로서의 먹이, 서식 환경을 정해주는 환경 외계로 구분되며, 해적 생물은 어·패류의 군 형성 시 필요한 사회 질서로서 4번째의 개념에 해당된다. 그러나 각각의 내용은 아주 개성적이고 습관적인 것과 같이 어·패류에 있어서도 동일한 기본 조건으로서 중요하며, 그 내용의 경우에도 폭이 좁은 것보다 폭을 어느 정도 갖게 하여 유연하게 대응하는 것이 바람직할 것이다.

이것은 바다목장의 시스템 설계와 그것에 기초한 바다목장의 조성 전략 중 생산 확대 관점에서 유익하다고 할 수 있다. 즉 인간이 참가하는 복합 시스템의 도입과 운용을 나타내는 경제 행위는 비용과 채산의 제약과 생산 목표 사이의 타협에 의해서 성립되며, 시스템 설계 조건이 지나치게 엄격하면 반드시 효율적인 시스템이라고는 말 할 수 없다. 따라서 이와 같은 4가지의 주요 요인에 대하여 필요하면 중요성과 허용의 폭에 따라 개량 또는 개선 기술을 중점적으로 탐색해야 할 것이다. 예를 들면 치자 단계를 지난 생물의 생육은 극단적으로 말하면 먹이와 해적의 제어가 주된 영향 요인이라고 할 수 있으며, 시스템 설계의 초점도 여기에 두는 것이 좋을 것이다.

4. 바다목장의 시스템 설계 접근 방법

바다를 있는 그대로 방치하면 앞에서도 설명한 바와 같이 생물의 수용력은 생태학적으로 포화 상태에서 균형을 취하려고 하기 때문에 그 이상의 생산력 확대를 위해서는 인공 시스템의 도입이 필요하다. 그것의 대표적인 방법 중의 하나로 어떤 해역에서의 시간적, 공간적인 어업 생산 공백부의 유효 생산을 들 수 있다. 그 기본적인 설계상 접근 방법에 대해서는 다음과 같이 생각할 수 있다.

모든 식물 연쇄계 속에서 미이용 자원을 증가의 목표로 하는 경우, 현행 연쇄계가 갖고 있는 수용력 중에 종묘 방류 등 자원을 투입한다든지, 수용력의 일부를 공간적으로 개선하고 먹이를 투입함으로써 이들을 먹이로 하여 성장하는 종을 육성하는 자원 첨가 이용형과 현행 연쇄계를 인위적인 수단에 의해 확대한다든지, 기초 생산력을 증감함으로써 간접적으로 자원 첨가를 도모하는 잠재 자원 이용형으로 분류할 수가 있다.

자원 첨가 이용형의 경우 어업 생산의 증대를 위한 자원 증강 시 직접적으로는 생산 대상 종을 투입하는 것이다. 종묘 방류가 전형적인 것이지만, 이 방법이 성립하기 위해서는 투입된 종묘가 자원으로서 생육하는데 충분한 기초 생산력을 갖추어야 한다. 다시 말하면, 환경 수용력에 그 만큼의 여력, 즉 미이용 생태계가 확보되어야 한다. 또한 종묘를 방류함으로써 그 자체를 포식하는 종이 출현하고 증가하는 것은 당연하므로 어업 자원의 증대는 직접 생산 대상 종뿐만 아니라 투입 자원 서식종의 증대 분을 포함한다고 생각할 수 있다.

한편 잠재 자원 이용형의 경우, 자원의 증가가 직접적으로 대상 종의 투입에 의해 달성되지 않고 간접적으로 환경 수용력 그 자체를 확대하여 얻어진다. 이를 위해서는 해당 해역에 잠재력이 풍부한 미이용 연쇄가 존재하지 않으면 안 된다. 일례로서 인공 용승에 의한 저층 미이용 영양염의 보급을 들 수 있다. 이것은 기초 생산력을 높여 미이용 자원의 증가를 목적으로 한 접근 방법이다.

5. 바다목장의 시스템 구성

1) 잠재 자원의 이용(기초 생산의 제어)

생물 생산의 원동력이 되는 식료로서의 에너지는 본질적으로 식물에 의존하고 있으며, 그것에 대한 기초 생산의 제어를 공학적 관점으로부터 보면, 식물 생산의 기본적 영양원인 영양염류의 공급 시스템을 식물의 증식으로 어떻게 적용하느냐가 그 해역의 생물 수용력 증강의 핵심이라고 할 수 있다(日本農林水産技術會議事務局, 1989).

해수에 녹아있는 영양염류의 대부분은 해저 부근에 체류하며, 해저 층에 묻혀 있다. 즉 이들은 해조, 플랑크톤, 박테리아 등 각종 동화 작용에 의해 유기물로 합성된다. 따라서 영양염을 공학적으로 제어하기 위해서는 광합성을 하는 식물, 미생물, 빛의 존재 등을 파악할 필요가 있다. 특히 식물 연쇄계를 구성하는 생물의 합리적인 상호 관계의 존재를 검토하지 않으면 안 된다. 식물 플랑크톤이 과잉 생산되어 적조가 발생하는 이유는 그와 같은 균형이 깨졌기 때문이다.

또한 바다의 기초 생산력을 높이는 환경 요인 중 부족한 요인의 허용 폭이 전 수용력을 규제하고 그 허용 폭으로부터 벗어난 부분이 미이용 자원으로 남게 된다. 잠재 자원의 이용에 관한 공학적 수단은 이런 부족 요인을 보충해 주는 수단으로서 검토, 실시되어야 한다. 이와 같은 수단의 예로서는 태양 광선이 부족한 심층역에 광선을 투과하여 광합성을 촉진하는 광 이용 시스템, 영양염의 농도가 높은 육수나 저층수를 빈영양역에 공급하여 주는 영양염 보충 시스템 등이 있다.

2) 자원의 집중 · 첨가 이용(종묘 투입에 의한 자원의 보강)

자원의 집중 · 첨가 이용은 유용 수산 자원이 먹이 등의 환경 수용력에 도달되지 않았다고 생각될 때, 인위적으로 종묘를 방류하여 그 생산량을 확대하는 것이다. 이것은 해역에서 대상 생물이 정하는 생태적 우위성을 가질 수 있는 환경에 종묘를 첨가하여 목적으로 하는 대상 종의 생산을 효율적으로 확대하는 방법이다.

일반적으로 매우 다산성인 수산 생물은 당연히 그 환경 수용력이 허용하는 한도 내에서 최대한으로 생존하지만, 먹이, 식해(食害) 등 생물적 환경, 물리·화학적 변동 등에 의해서 다른 생물과 균형을 맞추어 생존량을 변동시키고 있다. 따라서 만약 기존 종을 첨가할 경우에는 그것이 어떤 과정에서 감소되는가를 사전에 인식하지 않으면 안 된다. 예를 들면 초기 감소가 현저한 생물은 초기 감소가 지난 생육 단계에서 방류하면, 자원 증대의 효과는 기대될 수 있지만, 해적 생물에 의한 영향이 큰 종에 대해서는 해적 생물을 구제하지 않고서는 생존의 확대가 어렵게 되어 그것만 증식하게 될 것이다. 이와 같은 것으로부터 종묘 투입은 종묘 생산의 기술, 친어의 관리 기술 및 종묘 방류 기술뿐만 아니라 방류 후의 관리 기술을 확립하는 것도 매우 중요하다. 그러나 현재 단계에서는 각종 복수 종과 서식 중의 대상 종만을 독립하여 정량화하는 것은 어렵다.

3) 식물(食物)의 연쇄 제어(어획 제어)

기초 생산 단계에 있는 동·식물 플랑크톤의 기능 응답 관계는 비교적 안정되어 있으며, 저차 생산은 고차의 어획 변동보다도 영양염 등 수질 환경에 지배되므로 참치나 넙치 등 어식성(魚食性) 어종의 생산력은 소형어와 밀접한 관계를 갖게 된다.

따라서 총생산량은 기초 생산에 영향을 미치고 유용 자원의 어획량 측면에서 소형 어류가 많이 어획되던가, 혹은 어식성 어류가 많이 포획됨으로써 상호 자원의 조절이 어느 정도 가능하다고 생각된다. 이와 같은 경우 상급군으로서는 하급군이 많이 포획됨으로써 상호 자원의 조절이 어느 정도 가능하다고 생각된다. 즉, 상급군에서는 하급군이 많이 어획된다는 것은 먹이의 감소를 의미하며, 하급군에서는 상급군이 많이 어획된다는 것은 해적 생물의 구제를 의미한다.

6. 바다목장의 조성 형태 분류

1) 공간 형태에 의한 분류

(1) 연안형 바다목장

연안 해역을 대상으로 한 바다목장의 형태는 종합형 바다목장이다. 종합형이란 의미는 지금까지 양식, 재배 어업의 연구 등을 수행하여 얻은 각종 생물적 및 수산 토목적 요소 가 결합된 형태를 말한다. 연안역의 생산을 지배하는 중요한 요소는 해역의 생물 서식 한도, 즉 환경 수용력이다(藤谷, 1997). 환경 수용력은 각종 조건에 지배되지만, 대부분 먹이 생물에 지배된다. 따라서 환경 수용력이 불충분한 해역의 경우에는 그것을 증대시키기 위한 기술의 도입이 필요하다. 환경 수용력과 생물 생산을 합리적으로 결합시키기 위해 생물, 특히 어류의 행동 제어 등에 대한 학습 등을 통한 기반 기술을 응용할 필요가 있다. 연안형 바다목장의 특징 중 하나는 앞에서 언급한 바와 같이 환경 수용력 이외에 자원의 증강 수단으로서 대상 해역의 지형과 해양의 특징을 잘 살려서 어업 형태에 적합한 요소 기술을 적용하는 것이다.

(2) 외양형 바다목장

오래전부터 실시되고 있는 연어 방류 사업은 육지의 대규모 목장에 필적한 것으로 이와 같은 학습은 연어뿐만 아니라 다른 어류의 경우에도 비슷한 습성을 갖고 있는 것이 많다. 예를 들면, 고도 회유성 어류로 시장 가치가 높은 참다랑어는 남서제도 주변에서 산란하고 성장하면서 일본 근해로 북상하여 미국의 캘리포니아 연안까지 회유한다. 그리고 그곳에서 수년간 서식하다가 산란하기 위해 일본 연안으로 다시 회유하여 오는데 이 시기에 주로 어획되고 있다. 이와 같은 회유 특성을 이용하여 일본 연안에서는 참다랑어의 종묘를 생산·방류하면 연어와 똑같은 성과를 기대할 수 있다. 지금까지의 연구 결과에 의하면, 참다랑어의 생태가 어느 정도 밝혀져 동해 및 태평양에서 참다랑어를 대상으로 하는 바다목장 사업도 머지않아 실현될 전망이다. 또한 일본 북해도 지방에서는 시장 가치가 높은 송어를 방류하여 어느 정도 성과를 올리고 있으며, 이것도 새로운 바다목장의 형태로 기대된다. 이와 같이 외양을 이용한 대규모 바다목장에 대한 구상도 유용 어류의 생태 연구와 함께 구체화되어 가고 있다. 그러나 회유성 어류의 습성을 이용한 외양형 바다목장의 아이디어는 우리나라의 해역에서는 크게 기대할 수 없으나, 어종에 따라서는 방류 후 흩어진 어류가 산란기가 되면 방류 지점 주변으로 일제히 회귀하는 현상을 보여 주고 있으므로 금후에는 활용 가능성이 높다고 할 수 있다.

2) 서식 생태에 의한 분류

(1) 저서성 어류용 바다목장

대표적인 저서성 어류로는 넙치를 들 수 있으며, 각 해역에서 산란된 난과 난에서 부화한 그것의 자·치어는 각 해역의 흐름에 따라 천해역에 위치한 성육장으로 운반된다. 이런 과정에서 성육장으로 운반되어지는 자·치어의 양은 유황(流況) 조건에 의해 좌우되고 성육장까지 잘 운반된다고 하더라도 적합한 서식 조건에서 성육된다고는 할 수 없다. 이와 같이 자·치어는 여러 가지 조건을 극복해가면서 상대적으로 보다 적합한 장소를 찾아 서식하게 된다.

넙치는 난으로부터 유·치자어기가 될 때까지 발생 초기의 생잔율이 특히 중요하며, 산란장의 환경에 좌우되기 쉽다. 또한 그것은 많은 부유란을 산란하는 어종이므로 흐름에 의한 난의 확산과 부화 직후의 자·치어 먹이와의 관계가 상대적으로 크고 생잔율에도 크게 영향을 미친다.

환경의 변화가 복잡한 연안에 가까운 얕은 수역에서 서식하는 넙치와 가자미의 자·치어는 다른 어종에서는 볼 수 없는 독특한 변태와 착저 과정을 거친다. 변태기에는 흐름의 조건에 지배되지만, 먹이를 비롯한 환경 조건에 대한 선택성도 높아 상당히 얕은 연안 해역에서 서식하게 된다. 이 시기에 자어의 유영 능력은 아직 충분히 발달되어 있지 않기 때문에 조석(潮汐)의 운동에 의해 서서히 연안으로 접근하여 착저 생활을 한다. 이 경우 해저 조건이 그 이후의 생잔율에 크게 영향을 미친다. 즉, 착저한 곳의 저질이 오염된 경우 생리 활성이 악화되어 넙치의 자·치어는 성장이 불량하거나 심지어 폐사에 이르기까지 한다.

넙치의 성육장은 하천수의 유입에 의한 저염분 해역이고, 적지는 수심이 5~20m인 사질 수역이다. 그러나 이와 같은 조건을 갖춘 해역이라 할지라도 성게 등 극피동물이 많은 곳에서는 넙치의 착저가 의외로 적다. 또한 이 시기의 먹이는 소형 동물 플랑크톤인 요각류로부터 갑갑류 등과 같은 다소 대형 동물 플랑크톤으로 바뀐다.

착저 생활로 성육 단계에 들어간 넙치의 치어는 점차 운동 능력이 향상되면서 적지를 찾아 선택적으로 생활권을 형성한다. 넙치에 의한 자원의 증강을 고려할 경우, 해양 환경, 먹이 조건, 서식 생물의 구성비, 서식장의 크기 등 상대적인 환경 특성과 유·치어의 생활 조건을 기본으로 하여 생산을 좌우하는 환경 수용력을 적절히 평가할 필요가 있다. 넙치의 종묘를 생산하여 바다에 방류할 경우, 적당한 방류어의 크기로는 변태를 완료한 전장 5cm 정도가 적당하다고 알려져 있다. 그리고 공식(共喰)이 일어나기 쉽기 때문에 가능한 한 같은 크기의 것을 방류하는 것이 좋으며, 넙치의 방류 밀도는 0.2~0.5/m^{2}가 적당하다.

(2) 광역 회유성 어류용 바다목장

넓은 해역을 대상으로 어류의 종묘 방류를 통해 수산 자원의 양을 늘리고 어획량을 증가시키는 것은 상당히 어렵다고 할 수 있다. 그러나 앞에서 언급한 바와 같이 연어의 경우 어느 정도 성공한 사례이다. 회유성 어류를 대상으로 하는 경우 비교적 장기간 체류하여 어획의 기회가 많이 주어지는 어류가 적합하다. 일반적으로 바다목장에 이용할 수 있는 광역 회유성으로 회귀를 기대할 수 있는 유용 어류로는 참다랑어를 들 수 있다. 그러나 참다랑어의 경우 부화된 후 자·치어의 단계에서 초기 감소가 상당히 크므로 다소 어려움이 있지만, 성장이 빨라 2~3개월이 경과한 후에는 체장이 15~20cm까지 성장하기 때문에 초기 감소가 적어진다. 따라서 그 정도 크기의 것을 방류하면 성과가 클 것으로 판단된다. 한편 광역 회유성 어류는 아니지만 흰줄전갱이처럼 어느 한 성장 단계에서 대상 해역에 출현하는 경우 종묘 생산에 의한 중간 육성 과정에서 먹이 길들이기를 통하여 방류어가 방류 해역에서 계속 서식할 수 있도록 함으로써 어획 생산성을 높일 수 있다. 실제로 일본 에히메현(愛媛縣)에서는 흰줄전갱이의 종묘를 생산, 방류하여 일정 기간이 지난 후 어획하고 있는데 재포율이 4.7%까지 이르고 있어 금후 바다목장의 대상 어종으로 크게 각광 받을 것으로 예상된다.

3) 대상 어종에 의한 분류

(1) 단일형 바다목장

단일형 바다목장이란 해역 내에 대상 어종을 선정하여, 선정된 어종에 대해 산란에서부터 성어에 이르기까지 필요한 서식 조건을 충족시켜 자원의 증강을 꾀하는 형태를 말한다. 그러나 바다목장의 대상 해역에서는 계절 및 성장 단계에 따라

서식 어종에 차이가 있으나, 대상 어종 이외에 다른 어종도 함께 서식하고 있으므로 엄밀한 의미에서는 단일 종만을 국한하여 자원을 증강시키는 것은 어렵다고 할 수 있다. 다만 다른 어종의 경우 서식에 지장을 주지 않으면서 대상 어종에 대해서만 자원 증강의 제한 요소로 작용하는 것을 개량 및 개선하는 방법이다. 단일형 바다목장 조성 시의 가장 중요한 과제는 종묘 생산을 하여 방류하는 과정에서 방류 초기의 감소와 방류어의 재포에 대한 것이다. 방류 초기의 감소를 줄이는 방법으로는 치어의 성장 단계에 적합한 먹이 공급과 포식어의 공격으로부터 안전한 인공어초 등에 의한 은신처의 제공 등이 있으며, 그 과정에서 중간 육성을 통하여 어느 정도 큰 어류를 방류하거나 음향 순치 등을 이용할 경우 더욱 큰 효과를 얻을 수 있다. 한편, 방류어의 재포에 대한 적절한 방법으로는 인공어초의 설치에 의한 어획 장소의 제공을 들 수 있다.

(2) 복합형 바다목장

해역의 생산력을 최대로 활용하기 위해서는 단일 어종에 대한 자원의 증강에 머무를 것이 아니라 복수의 유용 어종에 대한 복합 생산 시스템을 개발할 필요가 있다. 마을 앞 연안 수역으로부터 수심 200m의 대륙붕까지 넓은 해역을 대상으로 한 바다목장 등 다양한 규모와 내용에 대해서 복합적으로 생각할 필요가 있다. 여기서 복합형이라는 것은 단일 어종과 비교되는 것으로 2종 이상의 대상 어종을 선정하여 자원의 증강을 꾀하는 것을 말한다. 단일 어종을 대상으로 하는 바다목장은 효율에 바탕을 둔 기술인데 비하여 여러 종류의 생물을 이용한 복합형 바다목장은 조화에 바탕을 둔 개발 형태라고 할 수 있다.

복합형 바다목장의 조성 시에는 어종 간에 경합을 피해야 하지만, 이것이 필요조건은 아니다. 즉, 경합으로 인해 한쪽 혹은 쌍방에서 다소 생산의 저해가 발생하더라도 단일 어종보다 복수의 종을 대상으로 하는 것이 대상 해역 전체에서 보다 높은 생산을 기대할 수 있는 경우도 있기 때문에 가장 바람직한 방법은 단일 어종과 복수 어종을 잘 조화시키는 것이다. 이를 위해서는 지금까지 개발된 각종 요소 기술을 과학적 및 합리적으로 한데 묶어 종합적으로 활용할 수 있도록 폭넓은 배려가 요구된다. 복합형 바다목장은 합리적인 복합 시스템으로서 다음과 같이 세분할 수 있다.

① 지선형 복합 시스템

지선형 복합 시스템은 해역의 특성에 의해 구분한다면, 단일 어업 협동조합 또는 면 단위 규모의 해역을 대상으로 한 소규모의 것으로 각 지역에서 실시될 수 있는 형태이다. 이 시스템의 대상 어종은 주로 정착성 어류이고 이것은 가장 기본적인 단위 목장의 형태이며, 보다 광활한 바다목장의 원형이 된다. 우리나라의 경우 <그림 13－1>과 같이 경남 사천시 산분령 어촌계의 낚시 조성용 어장이 이 형태에 해당한다고 할 수 있다.

경남 사천시에 위치한 삼분령 어촌계는 30명 이하의 어촌계원으로 구성되었으며, 마을어장의 규모도 비교적 작다. 이 어촌계에서는 자원 조성에 의한 어촌계의 소득을 증대시키기

〈그림 13-1〉 지선형 바다목장의 예(경남 사천시 삼분형 어촌계).

위하여 마을 앞 16ha의 해역에 인공어초를 시설하고 조피볼락 등의 종묘를 매년 방류하여 자원을 증강시키고 있다. 또한, 이 어촌계에서는 3척의 바지선으로 유로 낚시터를 조성하여 낚시객들에게 일정 금액을 받고 이것을 대여함으로써 매년 높은 소득을 올리고 있다. 이 낚시터에는 방류한 조피볼락 이외에도 감성돔 등 계절에 따라 많은 어종들이 모여들어 큰 성과를 올리고 있다. 그리고 낚시 활동에 의해 바다에 유실된 납추와 쓰레기 등을 정기적으로 수거하는 등 어업인 스스로가 어장을 관리함으로써 지속적인 어업 생산을 위해 노력하고 있다.

② 지역형 복합 시스템

지역형 복합 시스템은 복수의 지선 해역을 대상으로 하여 정착성 어류, 패류, 조류와 지역 회유성 어·패류를 복합적으로 운용하는 형태의 목장을 말한다. 그 일례로서 지선형 바다목장의 주변을 보육장으로 하고 그 외측에 어획장을 설정하여 충분한 어업 관리 하에서 합리적인 어획이 이루어질 수 있도록 설계된 목장을 말한다.

③ 광역 복합 시스템

광역 복합 시스템은 여러 개의 지역형 규모의 해역을 대상으로 하거나, 광역 회유성 어류(참치, 방어, 가다랭이, 전갱이 등)의 자원을 공동으로 배양·관리하여 이용하는 형태이다. 그리고 이 시스템에서는 여러 종의 어류를 복합적으로 수용하기 위해 서식장과 식성의 차이를 잘 조정하고 이와 함께 산란 및 발육 시기의 차이에 잘 활용함으로써 효율적인 어업 생산성이 달성될 수 있을 것이다.

(4) 수확 형태에 의한 분류

① 완전 수확형 바다목장

완전 수확형 바다목장은 농업의 경작과 같이 포장(圃場)에 종묘를 파종하여 생육한 후 이것을 완전히 수확하는 형태이다. 수산업에서 이 형태에 속하는 것으로는 양식도 바다목장의 한 분야로 생각하면 어·패류나 해조류의 양식이 있고, 재배 어업의 분야로는 보리새우, 꽃게 등의 종묘를 간석지에 방류하거나, 가리비, 바지락, 대합 등 치패를 해저 또는 간사지에 방류하여 성장한 후에 이들을 수확하는 것이 있다. 그리고 종묘 센터에서 생산한 종묘를 일정 기간 동안 중간 육성시켜 방류하고 상품성이 있는 크기까지 성장시킨 후 재포하는 것도 이 형태에 해당한다. 이 경우 매년 방류와 수확을 반복하면서 목표로 하는 어획 소득을 올릴 수 있기 때문에 좋은 방법이기는 하나, 지속적인 어업을 수행하기 위해서는 어장을 정비하고 잘 보존하여 재포율이 높아지도록 꾸준한 노력을 기울여야 한다.

② 재생산형 바다목장

재생산형 바다목장형은 가장 이상적인 바다목장형으로 대상 수역에 방류된 종묘가 정착하여 재생산에 가입한 형태를 말한다. 그리고 이 형태는 완전 수확형 바다목장과 같이 종묘 센터에서 생산한 종묘를 중간 육성시킨 후 바다에 방류하여 일정 크기가 되면 어획하는데 비하여 이것은 적절한 어업 관리를 통해 방류어의 생육, 성숙, 산란 및 부화를 조장함으로써 방류 어류가 자연에서 재생산되도록 하는 것이다. 또한 이 형태는 완전 육성어를 재포하는 것이 아니라 적당량의 성어를 천연 친어로서 잔존시키면서 새로운 자원이 형성된 후에 방류를 중지하고 어업 및 어장 관리를 적절히 실시하여 지속적인 어업을 수행하는 것이다. 이 과정에서 중요한 것은 성육어가 체류할 수 있는 장소와 친어의 산란을 촉진할 수 있는 시설의 설치이다.

(5) 사업 형태에 의한 분류

① 연구형 바다목장

바다목장은 앞에서 언급한 바와 같이 소나 말을 방목하는 소위 육상 목장의 개념을 바다에 적용한 것으로 참돔, 감성돔 등의 어류에 대해 <그림 13-2>와 같이 생활사 일부를 소리(音)와 먹이(餌)를 통해 인위적으로 제어하면서 자원을 증대시키는 어업 형태를 말한다.

연구형 바다목장은 실제 사업을 추진하기 앞서 대상으로

〈그림 13-2〉 연구형 바다목장의 예(경남 통영 해역).

하는 어종(복수 종일 수도 있음)에 대해 필요한 요소나 규명해야 할 조건을 사전에 밝혀내는 것이다. 예를 들면, 참돔의 방류 후 감소와 재포율의 향상을 위한 기술 개발을 들 수 있다. 이것은 사업적으로 소규모이나 여기에서 개발된 기술이 시행착오 없이 곧 바로 사업에 적용된다는 점에서 중요한 사업 형태의 하나라 할 수 있다.

② 실용형 바다목장

실용형 바다목장은 연구형 바다목장에서 개발된 기술을 실제 사업 규모에 적용한 것으로 사업 규모는 크지 않으나, 실제 지선민들이 어업을 관리하면서 어업 소득을 추구하는 형태이다. 이런 형태의 목장에서는 실제로 대상 해역에 중간 육성장과 음향 급이기를 설치하고 대상 어류를 일정 기간 순치시킨 후 방류하여 상품 가치가 있을 정도까지 성장하면 어획하는 것으로 중규모 바다목장의 형태이다.

③ 사업형 바다목장

사업형 바다목장은 대규모 바다목장의 사업 형태로 실용형 바다목장에 비해 예산 규모나 사업 형태가 큰 것을 말한다. 이런 형태의 바다목장 내의 주요 시설로는 음향 급이 부이, 텔레미터 시스템, 체류초, 유도초, 육성초 등이 있다.

7. 바다목장의 조성 기술

바다목장의 조성 기술은 근본적으로 해당 해역의 소득과 관련된 사업을 효율적으로 수행하는데 필요한 수단이다. 이것은 최근 들어 자원이 급격히 감소했거나 좋은 조건을 갖고 있음에도 불구하고 극소수 제한된 요소로 말미암아 자원 증강에 제약을 받았던 조건을 개선해 주는 것을 의미한다.

바다목장의 조성에 필요한 기술은 해역의 특성과 목적으로 하는 종에 따라 차이는 있으나, 조장(해중림) 조성 기술, 종묘 생산 기술 및 방류 종묘의 생잔율 향상과 관련된 음향 순치 기술과 인공어초의 조성 기술로 나눌 수 있다.

1) 조장(해중림) 조성 기술

해중림은 유·치자어의 보호 및 서식과 패류의 먹이를 위해 일정 수심대에 조성된 다시마과에 속한 다년성의 대형 갈조류를 말한다. 대형 갈조류인 모자반류, 다시마류, 대황, 감태류 등은 조하대의 수심이 2~3m인 곳에서 20m 정도의 암반 해역에 커다란 군락을 형성하며, 현화 식물인 잘피류는 니질역에 분포한다. 이와 같이 대형 식물이 밀생한 조장은 어류의 유도·체류장, 산란장 및 보육장으로 사용된다. 특히 전복류 등은 다시마류와 대황·감태류의 엽(葉)을 잘 먹기 때문에 이들 해조가 번무하고 있는 곳에 대량으로 서식한다. 한편 닭새우는 유생 시기인 「프에루루스」기에 우무가사리류와 모자반류에 착생한다고 알려져 있으며, 해조가 번무한 해역일수록 이것의 어획량이 높다.

이와 같이 해중림은 자원 조성에서 중요한 위치를 차지하고 있으며, 바다목장의 한 분야로서 중요한 요소이다.

(1) 대황·감태 조성법

온·난류역에 생육하는 대황·감태의 조성 사업으로 옛날부터 모조 투입, 투석 등이 행하여져 왔지만, 아직까지 조성 기술이 확립되어 있지 않다. 현재까지 알려져 있는 방법으로는 배우체 배양에 의한 종묘 투입법, 모조 투입법 및 투석법이 있다.

① 종묘 투입법

해중에 투입하는 조포체(造胞体)의 크기가 1~2cm인 유아의 대량 종묘 생산은 미역과 다시마의 양식법을 응용하여 이루어지고 있다. 자낭반이 형성된 모체를 2~3시간 동안 음건하여 해수 중에 적시면 유주자가 방출되어 포자액이 된다. 그리고 이 포자를 실, 염화비닐 파이프 등의 기질에 부착시킨다. 대황·감태의 종묘 배양(배우체기로부터 유아기까지 실내 배양)은 지역에 따라 수온, 조도 등의 관리 조건에 다소 차이가 있으며, 여기에서는 언급하지 않는다.

종묘 투입법 중 유아가 3~5cm의 크기로 착생·성장한 종사(種糸)나 염화비닐 파이프를 조간대보다 깊은 해역에 투입한 콘크리트 블록에 고정하는 방법이 있다. 이와 같은 방법으로 투입 기질에 착생한 유아는 조식(藻食) 어류, 전복 등에 잡아먹히게 되어 생잔율이 그다지 높지 않기 때문에 바다에 종묘를 투입한 후의 식해 대책에 대한 고려도 중요한 과제이다.

② 모조 투입법

성숙 엽체(모조)를 돌 등에 묶어서 바다에 넣어 해중림을 조성하는 방법은 옛날부터 행해져 왔으나, 아직까지 이렇다할 성과는 올리지 못하고 있다. 모조 투입은 주로 다시마 어장에서 이루어져 왔으나, 투입 모조를 대량으로 운반할 수 있는 곳이라면 용이하게 사용할 수 있는 방법이다. 일본 고치현에서는 감태 성숙 조체를 100개씩 건축용 콘크리트 블록에 고무 밴드로 고정시키고 외해에 접한 수심 6m에 위치한 암초에 철사로 묶어 파랑에 움직이지 않도록 조성한 예도 있다. 해중림을 조성한 후 비늘돔 등의 어류에 의한 식해 방지를 위해 검은 비닐막(100×30cm)을 주위에 고정시키고 수중에 띄워 허수아비처럼 만들어 조사한 결과, 비늘돔은 비닐 막의 근처에까지 모여들었으나 막 속으로 들어가지는 않았다.

다른 방법으로는 그물 틀(網袋)에 5개 정도의 모조를 넣어 각 부대(袋)를 밧줄로 묶어 연결한 후 건축용 블록을 침자로 하여 투입하는 방법이 있다. 최근에 일본 홋카이도에서는 갯녹음이 일어난 다시마장에 모조를 그물 자루에 넣고 수중에 띄워 유주자를 방출시킴으로써 해중림 조성에 성공한 예도 있다.

③ 투석법

투석법은 해중림의 주변부가 모래인 경우 대형 콘크리트 블록을 투입하여 해중림을 조성하는 방법이다. 이 방법은 자연석이나 콘크리트 블록의 부착 기질에 의해 자원을 증강시키는 것으로 어장 확대 측면이 강하다.

(2) 모자반 조성법

조장 조성의 방법에는 해조 자체가 가지고 있는 번식력을 이용하거나 번식을 제한하는 환경 요인이나 조건을 개선하는 것이 있으며, 현재는 주로 이들 두 방법을 혼용해 쓰고 있다. 모자반 조성법에 사용되고 있는 방법으로는 기반 투입, 조체(藻体) 이식, 천연 혹은 인공 채묘에 의한 종묘 이식이 있으며, 대상 종은 20종 이상이다. 그리고 주로 사용되고 있는 종은 쌍발모자반과 괭생이모자반이다.

① 기반 투입법

이 방법은 지금까지 모잔반류가 생육하지 않았던 장소나 생육하기 어려운 장소에 모자반류를 생육할 수 있는 것이 특징이다. 모자반류는 모래나 펄과 같이 파랑이나 흐름에 의해서 이동하기 쉬운 불안정한 기질에는 생육하기 어렵다. 따라서 이와 같은 저질 조건이 형성된 장소에 모자반 군락을 조성하기 위해서는 안정된 기반을 해저에 설치하여 정비해야 한다. 기반 정비의 방법으로는 암반 청소, 암초 폭파, 투석 등에 의한 새로운 착생 면을 조성해 주는 것이다. 기반 정비가 끝나면 모자반 조체를 이식하거나 성숙 조체를 투입하여 발아한 유배(幼胚)를 기반에 직접 착생시키는 방법 등을 병용하여 조장을 조성한다.

이 방법은 모자반류의 군락 조성에 효과가 있지만, 투입 기반의 제작과 투입에 많은 비용이 소요되는 단점이 있다.

② 조체(藻体) 이식

이 방법은 생육 기반이 있다고 하더라도 모자반류의 생육이 없는 장소에 번식시키는 경우나 생육하지 않은 다른 종을 번식시키는 경우에 사용된다. 조체 이식에는 성숙한 생식 기상(또는 体)을 형성한 웅성(雄性) 조체를 투입하는 경우와 성숙하지 않는 성장 시기의 조체를 투입하는 경우가 있지만, 전자가 주로 이용되고 있다. 그것은 성숙한 모체로부터 떨어진 발아 유배가 조체를 투입한 주변 역에 흩뜨려져 부착, 생육함으로써 군락 형성이 가능하기 때문이다.

투입 방법에는 모조를 석재에 묶어 붙이는 방법, 콘크리트 블록에 묶어 붙이는 방법, 밧줄에 묶어 붙이는 방법 등이 있다. 그 중에서 콘크리트 블록에 묶어 붙이는 방법이 가장 많이 사용된다. 조체 이식법은 기반 투입법보다 경비와 노력이 적게 드는 이점이 있으나, 투입 장소를 잘 선정하지 못하면 효과를 기대할 수 없다. 또한 투입한 모조로부터 얻어진 유배의 확산 범위는 유배의 크기와 밀도에 의해 차이가 있으므로 이식 지점의 해수 유동 등 환경 조건에 적합한 종을 잘 선택해야 한다.

③ 종묘 이식

이 방법은 목적에 부합한 종묘용 조종(藻種), 양, 성장 상태 등 필요한 것을 자유롭게 공급할 수 있고 채묘 기질을 적절히 선정함으로써 여러 가지의 조성 기술에 대하여 대응이 가능하다. 종묘의 채묘에는 천연 채묘와 인공 채묘가 있으며, 현재는 인공 채묘가 많이 이용되고 있다. 인공 채묘에서는 먼저 성숙한 모조로부터 얻어진 유배를 모아 종묘 배양 수조 밑에 수평으로 설치한 부착 기질에 살포한다. 살포된 유배는 2차 가근을 갖고 기질에 고착하여 성장한다. 부착 기질의 경우 밧줄, 김 양식망, 콘크리트, 석재 등 목적에 따라 자유롭게 선정할 수 있으며, 이와 같이 채묘된 종묘를 수조 내에서 배양하여 적당하게 성장한 시기에 현장으로 옮겨 이식한다. 이식 방법은 부착 기질에 따라 다르나 종 밧줄, 종 망 등의 경우에는 김의 부류식 양식법을 응용하여 해면 이식을 하고 블록이나 석재 등의 추(무게)를 붙여서 해저에 담그거나, 종 밧줄이나 종 망을 발포 스티로폼 판에 감아 이것을 해저에 설치한 추에 붙여 실의 길이를 조절한 후 적당한 수심에 이식한다.

종묘 이식 방법은 모자반류가 서식 가능한 환경 조건이라면 장소나 공간을 불문하고 이식이 가능하며, 군락을 조성할 수 있다. 그러나 대량으로 종묘를 생산하여 현장에 이식하기까지의 과정은 아직까지 미해결된 부분이 많다.

(3) 다시마 조성법

다시마에 의한 해중림 조성법은 기반의 조건에 따라 다르며, 사질대와 암반 지역으로 나누워 진다. 여기서는 주로 개발 방법에 대해서만 언급한다.

① 사질대에서의 조성법

사질대에서의 다시마 조성을 위한 시설 방법으로는 자연석 투입 방법, 콘크리트 투입 방법, 네트론 파이프 방식, 철망형 방식 및 강관 파일 방식이 있다. 자연석 투입 방법은 자연석을 투입하여 해중림을 조성하는 방법으로 파랑 등의 영향이 큰 장소에서는 대형의 것을 투입한다. 또한 석재의 분산이 예상되는 경우에는 콘크리트 틀 등을 주위에 배치하여 그것을 방지한다. 콘크리트 투입 방법은 자연석을 투입하기 곤란한 해역이나 소형 돌로는 사질대에 매몰 위험이 있는 곳에서 원통형 어초 등을 자연석 대용으로 투입하는 방법이다. 네트론 파이프 방식에서는 해중림의 착생력을 고려하여 그물코 구조의 네트론 파이프를 기질로 사용하고, 그것을 지지체인 콘크리트 블록에 고정하는 방법이다. 그리고 네트론 파이프의 교환을 용이하게 하기 위해 고무 밴드를 고정하는 경우도 있다. 철망형 방식은 소형 자연석을 단독으로 투입하면 대부분 매몰 또는 분산되므로 그것을 방지하기 위해 수십 개의 석재를 철재 망에 쌓아서 투입하는 것이며, 시설 밑에 화학 제품의 시트를 깔아서 침하를 방지한다. 한편, 강관 파일 방식에서는 강관 파일 2본을 사질대에 수직으로 박아 지주로 사용하며, 여기에 L형강에 네트론 그물감이 피복된 것을 부착하여 다시마를 착생시킨다.

② 암반 해역에서의 조성법

암반 해역에서의 다시마 조성을 위한 시설 방법으로는 숭지(嵩地) 방식, 평판 절단 방식 및 도류구(導流溝) 방식이 있다. 숭지 방식은 자연석과 콘크리트 블록 등에 의해 해중림 서식의 적수심대까지 쌓아올리는 방법이고, 평판 절단 방식은 평탄한 암반을 대상으로 해중림의 서식 수심대까지 잘라내는 방법으로 주로 평편한 암반의 끝부분을 따라 실시된다. 한편, 도류구 방식은 평평한 암반의 간출부(刊出部)에 도랑(溝)을 조성하고 도랑 내에 다시마를 생육시키는 방법이다.

2) 종묘 생산 기술

여기에서는 바다목장의 조성과 관련하여 종묘 생산에 관한 기술적 문제에 대해서만 언급한다.

(1) 초기 감소의 제어

종묘 생산의 증대를 목표로 하는 기술은 종묘의 초기 감소를 어떻게 제어할 것인가가 중요한 과제라고 할 수 있다. 이것은 현재까지 개발된 기술 개발로도 여전히 많은 문제점을 안고 있다는 것을 의미한다. 보리새우의 인공 간석지 방류 기술과 전복의 먹이인 해조의 해중림 조성 기술은 초기 감소를 식해와의 관계에 초점을 둔 증식 기술이며, 실용적인 생산 기술로 이용되어 왔다. 보리새우의 유생이 감소하는 이유는 간석지에 서식하는 망둑어 등과 같은 어류의 식해 때문이라는 것은 인공적으로 조성한 간출도가 다른 인공 간석지에 보리새우를 방류하여 그것의 생잔율로부터 실증되고 있다. 실제 증식 사업에서는 그물 설치를 통한 어류의 배제, 간석지의 식해생물 구제, 식해가 적은 해저에 대형 종묘의 방류 등과 같은 사업이 실시되고 있는 등 생산 기술은 지역의 특성에 따라 다르게 이용되고 있다. 이와 같은 접근 방법은 대황, 감태 등의 다년생 대형 군락의 조성 기술로 발전하여 해조 군락의 천이를 인위적으로 제어하는 기술의 개발이 금후 과제로 남아 있다.

(2) 환경 수용력

종묘 방류에 의한 자원의 배양 시 환경 수용력을 고려하지 않으면 안 된다. 특히 가리비의 종묘 생산과 수하에 의한 양식 생산 등과 같은 사업 수행 시에는 환경 수용력을 고려하지 않으면 계획적인 생산이 어렵다. 일례로 오호츠크 연안에서 실시된 종묘 방류 사업의 경우 가리비 모패 집단의 형성과 함께 천연적으로 가리비의 발생이 높게 되어 어장의 환경 수용력을 넘는 가리비 자원의 증대로 인해 그것의 성장과 산란능력이 저하되었으며, 더 나아가 영양 부족에 의한 폐사 현상까지 발생하여 환경 수용력에 맞는 자원량의 인위적인 제어가 기술적인 과제로 남아있다.

(3) 음향 순치 기술

① 생물적 측면에서 얻어진 기술

참돔의 종묘를 음향으로 순치(馴致)하고 그것의 행동을 제어하여 수산 자원을 효율적으로 배양하는 기술은 약 30년 전에 개발되었다(藤谷, 1997). 이와 같은 음향 순치 기술의 발상은 연못에서 사육되고 있는 잉어가 작업인부들이 먹이를 주기 위해 그곳에 가까이 오면 먹이를 찾아 모여드는 것으로부터 시작되었다. 이것은 잉어가 부화하면서 갖고 있는 습성은 아니고 학습에 의해서 새롭게 얻어진 습성이다. 일본에서는 참돔을 비롯하여 다른 어종에 대해서도 인공적인 방음(放音)과 투이(投餌)

의 반복에 의한 학습으로 어류의 행동 제어를 시도한 적이 있었다. 이와 같이 시도한 배경에는 1970년대에 日本瀨內海栽培漁業協會(현재는 日本栽培漁業協會)를 중심으로 참돔 종묘가 대량 생산되어 자원 배양을 위해 종묘 방류가 본격적으로 시작되었는데, 방류된 종묘의 절반 이상이 소형 기선저인망 등에 의해서 1년 이내에 재포되었다. 인공적으로 생산한 귀중한 종묘가 1년 이내에 어획되는 것은 종묘 방류의 성과를 기대할 수 없는 중대한 문제로 대두되었다. 따라서 1년 이상, 가능하면 그 보다 오랫동안 바다에 방류된 종묘가 소형 기선저인망의 조업 구역으로부터 벗어나는 연안역에서 서식하는 것이 필요하게 되었다.

많은 연구 결과, 음향 순치를 실시한 참돔은 학습을 실시하지 않은 종묘에 비해서 연안역에서 체류하는 비율이 높게 나타났다. 따라서 이 기술이 어류의 중간 육성 및 방류 효과의 향상을 위해 활용되게 되었으며, 현재 일본에서는 참돔의 음향 순치에 관한 기술이 완전히 확립되어 금후 다른 어종에도 활용되어질 전망이다.

② 어류의 음에 대한 특성 개요와 학습 방법

일반적으로 어류의 청각 기관에는 귀, 측선 및 부레가 있다. 잉어과의 일부 어류에서는 부레와 귀의 중간에 위치하는 웨버씨 골편이라고 하는 척퇴골(脊堆骨)로 형성된 4개의 골편이 일렬로 부레로부터 속귀(內耳)에 연결되어 청각 기관의 역할을 하고 있다. 한편 부레는 원래 어류의 침강과 부상을 관장하는 기관이지만, 일부의 어류에서는 청각 보조 기관의 역할도 하고 있다. 어류의 귀는 다른 척추동물에 비해 구조가 매우 간단하며, 속귀만으로 형성되어 있다. 속귀는 좌우 1개로 두개골(頭蓋骨)의 이각(耳殼) 안에 위치하고 내부에 1개씩의 이석(耳石)이 있으며, 여기에 새겨진 연륜으로부터 어류의 연령을 알 수 있게 된다.

이석에는 많은 청각 세포가 연결되어 있고 그 세포는 청각 신경에 연결되어 있으며, 음의 자극은 이 경로를 통해 뇌에 전달됨으로써 음이 성립된다. 한편, 가청 주파수 범위는 인간의 경우 20~20,000Hz 정도이나, 어류의 경우에는 어종에 따라 큰 차이는 있지만 대부분 1,000Hz 이하라고 알려져 있다.

어류 특유의 측선은 해양 환경에서 일어나는 압력, 물의 흐름, 진동 등을 감지하는 기관이지만, 감각기(感覺器)의 경우 미주신경(迷走神經)이 피부계의 지배를 받고 그것의 수용기는 감구(感球)이다. 감구는 수압, 물 흐름 등의 물리적인 자극에 대한 수용기인 동시에 화학 수용기 즉, 미각과 비슷한 감각 기능을 가지고 있다. 측선에는 이 감구가 일정 간격으로 정렬된 관기(管器)가 형성되어 있다. 관기의 발달은 상당히 초기 발생단계에 이루어지며, 성체형에 달한 치어기에는 거의 완성되므로 이 단계에 달하면 음향 순치가 가능하다고 알려져 있다. 측선으로 감지할 수 있는 주파수는 20~300Hz 범위이며, 대부분의 어류는 100~800Hz의 주파수역에 감수성이 집중되어 있다고 알려져 있다. 더욱이 어류의 가청 음압 역치(域値)는 육상동물의 그것에 비해 낮기 때문에 아주 약한 음도 감지할 수 있다.

이상에서 알 수 있는 바와 같이 어류는 음에 대한 뛰어난 감수성을 가지고 있으며, 이것을 감지할 수 있는 주파수는 인간의 가청 주파수 내에 있기 때문에 특별한 고려 없이 가청음을 만들 수 있다. 바다에는 주파수 범위가 400~1,000Hz인 각종 잡음이 존재하기 때문에 가능하면 이 잡음 역을 피하여 사용하는 것이 바람직하다. 따라서 어류의 학습에 사용되는 주파수 범위는 100~300Hz인데, 처음에는 200Hz의 순음이 사용되었으나 각종 실험 결과로부터 현재 300Hz의 단음(斷音)이 사용되고 있다.

③ 음향 순치에 대한 참돔의 적성과 학습 가능성

음향에 대한 참돔의 반응에 대한 몇 가지의 경험적인 사례가 있다. 참돔이 어획되는 해역에서 뱃전을 두드릴 경우 참돔이 부상하거나 혹은 가두리 양식장에서 사람의 발소리나 투이(投餌)에 반응하여 위집한다고 알려져 있다. 이것은 참돔이 음에 반응한다는 증거이지만 수량적으로 어느 정도의 개체가 반응하고 있는가에 대해서는 정확하지 않다. 이와 같은 습성을 바다목장에 활용하기 위해서는 적어도 모든 개체가 그 습성을 익혀 반응하는 것이 바람직하다. 많은 실험 결과로부터 참돔은 음향에 의한 학습이 가능한 어종이고 2일에서 2주간의 단기간 내에 거의 100%의 개체가 순치된다고 알려져 있다.

④ 순치음에 대한 참돔의 선택성

어류를 어떤 일정한 주파수로 학습한 경우, 그 음에 대한 선택성이 없으면 기술로 활용하기가 어렵다. 즉, 일정한 주파수에 순치된 후 다른 잡음 등에도 똑같은 반응을 나타내게 되면 순치한 의미는 없게 된다. 따라서 순치음에 대한 어느 정도의 선택성 유무는 이 학습을 활용하기 위한 필수 조건이다. 주파수에 대한 참돔의 선택성을 검토하기 위해 25~100Hz의 주파수에서 그것을 25, 50, 100, 200, 250, 500 및 1,000Hz로 나누어 실험한 결과, 25Hz에서는 반응한 참돔의 개체수가 전혀 없었고 주파수가 높아짐에 따라 위집하는 개체수가 증가하였으며, 200Hz를 정점으로 하여 위집하는 비율이 다시 감소되어 1,000Hz에는 모든 개체가 거의 반응하지 않았다. 이와 같은 연구 결과로부터 참돔은 순치음에 대한 선택성이 비교적 양호하다는 것이 인정되었다.

⑤ 충격 등 스트레스에 대한 영향

바다목장 해역에 대상 어류의 방류 시 그것의 운반, 질병 치료 등과 경우에 따라서는 상당한 자극이나 충격이 사육 어류에 가해지는 경우가 있다. 이와 같은 스트레스로 인해 학습에 의해 얻어진 습성이 없어지거나 감소되는 일이 발생하는 것은 결코 바람직하지 못하다. 그러나 연구 결과에 의하면, 이들 스트레스에 의한 영향은 크지 않는 것으로 알려져 있다.

⑥ 학습에 의해 얻어진 기억의 지속

바다목장에서 음향 순치를 실시하는 경우에는 학습을 통해 얻어진 음향에 대한 기억이 문제가 된다. 즉 기기의 고장이나 일기불순에 의해 음이 전달되지 않을 경우가 있다. 이와 같은 경우, 정지 기간이 수 일 정도라고 할지라도 벽지 등 지역에 따라서는 그 이상 지속될 수 있으므로 지금까지 시도한 학습에 의한 기억을 잃어버릴 우려가 있다. 따라서 적어도 수 주간에 걸쳐 기억이 지속되어야 하는 것이 음향 순치의 또 하나의 필요조건이다. 연구 결과에 의하면, 참돔의 경우 약 4개월간은 학습된 기억이 유지된다고 알려져 있기 때문에 단기간의 방음(放音) 정지는 기억 상실에 큰 영향이 없다고 할 수 있다.

⑦ 순치 가능한 최소의 발육 단계

인공 종묘를 이용하여 음향 순치를 할 경우, 어느 정도의 크기에서 학습을 수행할 것인가가 문제가 된다. 앞에서 청각 기관에 대해 언급한 바와 같이 어류의 순치는 청각 기관이 성체형에 달한 치어 단계부터 가능하다고 알려져 있다. 따라서 종묘로 생산된 체장 20mm 전후의 참돔은 학습이 가능하며, 학습 효과는 성어의 경우와 큰 차이가 없다. 물론 음향에 의한 학습이 투이와 함께 이루어지기 때문에 인공 사료에 의한 사육이 가능한 단계가 학습이 가능한 시기라고 생각된다. 바다목장에서는 대상으로 하는 참돔 이외의 다른 어종에 대해서도 음향 순치 기술이 활용되고 있으며, 참돔과 같은 성과를 올리고 있는 곳도 많다. 따라서 음향 순치에 의한 자원 배양법은 보편적인 기술로 금후 더욱 활용될 전망이다.

8. 일본의 바다목장 추진 배경 및 관련 기술

1) 일본의 바다목장 추진 배경 및 주요 사업

(1) 일본의 바다목장 추진 배경

과거 일본의 수산 정책은 어장의 외연적 확대, 어선의 대형화, 효율화 및 어획물의 대량 처리에 의한 「연안에서 근해, 근해에서 원양」으로의 발전을 도모하는 것이었다. 그러나 전 세계 바다에서 어장을 개척해 왔던 일본의 원양 어업은 200해리 시대를 맞이한 1970년대에 들어 대폭 축소되기 시작하였고, 근해 어업도 정어리 자원의 감소와 함께 급격히 위축되었다. 한편 200해리 시대의 도래와 함께 1975년에는 「연안 어장 정비 개발법」이 제정되고 1976년부터 연안 어장 정비 개발 사업이 시작되었으며, 1977년도에는 「200해리 어업 수역 잠정법」이 제정되어 200해리 수역에서 어업이 농지나 산림과 같이 자국의 주권적 권리를 갖게 됨으로써 어장의 이용·개발이 가능하게 되었다. 따라서 그 전까지 어업의 근간이 되었던 「연안에서 근해, 근해에서 원양」으로 대신 「만들어 기르는 어업」의 육성으로 눈을 돌리게 되었다.

일본은 전통적으로 수산물을 이용해 왔으며, 21세기를 맞아 이와 같은 전통적인 식문화(食文化)를 유지하면서 수산물의 안정적 공급을 확보하기 위해 수요 중심의 중·고급 어·패류를 대상으로 각종 재배 어업의 추진과 인공어초 어장, 증·양식장 등 연안 어장의 정비 개발을 중심으로 한 「만들어 기르는 어업」이 한층 강화되었다.

그리고 1970년대 후반부터 일본 오이타현(大分縣)에서는 marinopolis 기본 계획의 일환으로 음향 순치한 참돔을 방류하여 소리와 먹이로 방류 어류를 제어·관리하는 바다목장 사업을 시도하였고, 고치현에서는 근해역에 위치한 쿠로시오 해류가 통과하는 해역에 부어초를 설치하는 쿠로시오 목장 구상이 구체화되는 등 지방 자치 단체에서도 수산·해양 개발을 위한 움직임이 활발하게 추진되었다. 또한 1987년도에 입안된 제 4차 일본 전국 종합 개발 계획의 책정 준비 과정 중 각 분야에서 해양 개발에 관한 개발 구상이 각 지방 자치 단체로부터 제안되었고, 민간 기업도 새로운 기술 개발의 분야로 연안역의 바다목장 조성 사업 등에 적극 참여하게 되었다.

(2) 바다목장 사업의 추진 기관 설립

1985년에는 일본 수산청 진흥부를 중심으로 marinovation 구상의 추진이 입안되고, 각 프로젝트의 입안 조사 연구 수행과 민간 기술의 도입에 의해 풍부한 바다 만들기를 위한 연안 어장 정비 개발 및 재배 어업의 추진에 관한 협의회가 구상되었다. 또한 바다목장의 개발 진흥을 중심으로 한 체제 구축의 구상 등 일본의 200해리 내에 있어서 어업 개발을 추진하기 위한 각종 구상이 검토되었다.

1986년에 들어서 「민간의 기술 개발력, 지방의 해양 개발에 대한 의욕 및 어업장의 창의적인 연구를 결집하여 연정(沿整), 재배(栽培), 양식 등 기술 혁신을 추진함으로써 일본 200해리 내의 어업 개발을 가일층 촉진하기 위한 연구회 설립 구상(안)」이라고 하는 긴 명칭의 구상안이 제안되었다. 이 구상안을 추진하기 위해 「200해리 내의 어업 개발 추진 위원회」가 설립되고 민간 기업을 주체로 하여 관계 회원이 참가한 각종 연구회가 설치되었다. 그리고 1986년 10월 산업계, 어업 단체, 도(都), 도(道), 부(府), 현(縣)과 125개 회원을 중심으로 설립 총회를 개체하여 일본 200해리 수역 내의 어업 개발을 촉진하기 위해 산·학·관으로 구성된 연구 개발 조직인 「marine forume 21」이 발족되었다.

① Marine forume 21에서 추진한 주요 사업

Marine forume 21에서는 8개의 연구회를 발족시키고 18개 그룹을 만들어 각 그룹마다 수조 실험 실시와 어업 실태 파악 등을 위한 현지 검토회가 조직되고, 나아가 연구회 별로 현장에서 실증 시험에 착수하였다. 이와 함께 국가의 보조 사업과는 별도로 21세기를 지향한 수산업을 중심으로 연근해 수역의 종합 정비 개발 구상(marinovation 구상)에 기초하여 1986년부터 시작한 marinovation 조건 조사 중 기술 개발에 관한 조사 연구를 11개의 도와 현으로부터 위탁받아 새로운 기술 도입에 의한 해역 개발의 가능성에 대해서도 검토하였다.

Marine forume 21의 주요 사업을 살펴보면 1986년부터 1990년까지 5년 동안에는 음향 급이형 바다목장 시설이 1988년부터 시작되는 제 3차 연안 어장 정비 개발 계획의 신규 사업의 종목(참돔 대상)으로 채택되었다. 또한 외해 양식 시스템의 기술 개발을 목적으로 한 새로운 대형 프로젝트가 시작되었고, 1989년에는 수산 자원의 고도 이용을 위한 연구를 추진하기 위해 기존 8개 연구회에 더하여 새로운 「미이용 자원의 유효 이용 시스템 개발 연구회」를 신설하였다. 이와 함께 1990년에는 지역 환경 이용 재배 어업 등 효율화 기술 개발을 추가로 착수하였다. 1991년부터 1995년까지 5년 동안에는 연안역의 기능 회복과 증·약식장 환경 개선의 연구 과제를 선정하여 수산청의 지도 아래 1991년도부터 새로이 「해역 환경 보존 기술 개발 연구회」를 설립하는 동시에 종래의 「대규모 사니역 개발 연구회」와 「어장 시설 개발 연구회」를 합병하여 「연안 어장 조성 기술 개발 연구회」를 조직하였다. 이 연구회에서는

인공 용승 개발 사업과 지장(地場) 수산 가공업 고도화 기술 개발 사업을 추가로 실시하였다. 이와 함께 1992년부터 고도 회유성 어종에 관한 양식 기술 시스템의 개발을 추진하였고 1993년부터 「어군 행동 제어 기술 개발 연구회」를 신설하였으며, 1995년부터는 mound 어장 조성 시스템의 개발과 갯녹음 대응 시스템 개발 등 대형 사업이 추가되었다. Marine forume 21의 주요 사업을 요약하면 <표 13 - 1>과 같다.

〈표 13-1〉 일본의 Marine forum 21에서 추진한 주요 사업

연구회명	주요 연구 과제	주요 내용
부어초 시스템 연구회	- 현장 조사, 부어초의 기본 설계에 관한 연구 - 부어초의 구조 설계에 관한 연구 - 기능 및 실증 실험	- 부어초의 현상, 문제점 등에 대한 조사 결과를 기초로 하여 기본 설계 및 구조 설계 - 부어초의 위집 조사, 내구성, 다기능 개량형 구조물의 개발을 위해 간이형 부어초 설치 및 관련 연구 수행
연안 어장 조성 기술 개발 연구회	- 대규모 사니역의 특성에 관한 연구 - 이매패 유생의 정착 및 생잔율 향상을 위한 기술 개발 - 이매패 대규모 생산 시스템 개발	- 대규모 사니역에 있어서 조장 조성 기술의 개발 - 사니역에 적합한 제류(制流), 제사(制砂)를 위한 수산 토목 공법의 개발 연구
	- 어장 시설의 평가 - 신소재에 관한 연구 - 인공 용승류 발생 기술 개발 - 어장 시설의 기능 회복 기술 개발	- 보급형 어장 시설 개발 연구 - 인공 용승류 발생 기술 사업 - 조성 어장 관리 지원 기술 개발 - 해양의 입체적 이용 확대 기술 개발
	- 인공 부해저(浮海底)시스템 개발 - 자연 에너지 이용형 증식 등 고도화 시스템 개발 - Mound 어장 조성 시스템 개발	- 대수심, 급경사 부해저 시스템 개발

(계속)

연구회명	주요 연구 과제	주요 내용
종묘 생산 시스템 연구회	- 생물 이료 배합 기초 연구 - 에너지 절약형 종묘 생산 시스템 연구 - 친어 양성 기술 개발 - 지역 환경 이용 기술 개발 - 종묘 수송 시스템 개발 - 폐수 처리 시스템 개발	- 로티퍼 연속 배양 기초 연구 - 치패사육 수조 관리를 위한 절수용 용수 처리 기술 개발 - 한랭지 사니역에 있어서 종묘 생산 연구 - 심층수를 이용한 냉수성 어류 사육 및 효율적 시설 운용 연구
인공 배합 사료 연구회	- 중요 해산 자·치어의 영양 요구 해명 및 미립자 배합 사료 개발 - 육성용 사료 개발	- 어종별 효율적 종묘 생산 및 육성용 어류 사육을 위한 사료 개발
바다목장 개발 연구회	- 보급형 어류의 음향 순치 시스템 개발 - 인공 비옥에 의한 해역 생산력 향상 연구 - 인공 비옥을 첨가한 해조 암반 자원초 개발 - 해양 종묘의 생산·중간 육성 시스템 개발 - 음향 순치를 이용한 정착성 어류의 자원 관리 시스템 개발 - 저서성 어류를 대상으로 한 해저 목장 조성 기술의 연구 - 복합형 바다목장 조성 기술 개발	- 참돔 종묘 방류 효과 향상용 음향 급이 시스템 개발 - 빈영양 지역의 생산력 향상 연구 - 갯녹음 회복용 시비 기술 개발 - 조피볼락 종묘 방류 효과 향상 및 자원 증대를 위한 연구 - 넙치 대상 음향 순치 기술 개발(종묘 방류 효과 등) - 복수 어종 증강을 위한 기술 개발
연안역 종합 정비 시스템 기술 개발 연구회	- 시라누이(不知火) 해역에 있어서 자원 관리형 어업 모델 개발 - 외양성 해역에 있어서 자원 관리형 어업 시스템 개발 - Marinovation 기본 계획 연구 - Marinovation 기본 구상의 구체화에 관한 사례 연구 - 자원 증식 신기술 개발 - 어장 감시 시스템 개발 - 감성돔 바다목장 감시 시스템 연구 - 유용 해역 조성 기술 개발	- 폐쇄성 해역의 자원 관리형 시스템 개발 - 유·치자어 보육장의 배치, 규모, 형상 등 설계 - Marinovation 구상 추진 기술 시스템 개발 - 전복 등 패류, 참돔, 감성돔 등 어류에 대한 밀어(密魚), 조업 위반 방지를 목적으로 한 기술 개발

(계속)

연구회명	주요 연구 과제	주요 내용
연안역 종합 정비 시스템 기술 개발 연구회	- 해양 에너지 이용 시스템 연구 - 실증 해역에 있어서 새로운 어업 시스템의 모델 개발 - 새로운 어장 조사의 이용과 관련 조사 방법 등의 개발에 관한 연구 - 주민 교류형 지역 활성화 대책 모델 연구	- 다기능 정온(靜穩)역 정비사업추진 - 폐쇄성 수역 환경 및 개량 변경 모델 연구 - 특정 수역 기술 개발 모델 연구 - 재배 어업 및 자원 관리형 어업의 추진
해역 환경 보존 기술 개발 연구회	- 암초 지역의 기능 회복 기술 연구 - 증·양식장 환경 개선 유지 회복 기술 연구 - 갯녹음 대응 시스템 개발	- 갯녹음 회복을 위한 연구
양식 시스템 개발 연구회	- 내만 양식장 재개발 시스템 개발 - 외해 양식 시스템 개발 - 외해 양식 고도화 시스템 개발 연구 - 참치류 양식 시스템 개발	- 내만 양식 방지 시스템 개발 - 양식장 환경 제어 시스템 개발 - 양식장 환경 모니터링 관련 시스템 개발
어군 행동 제어 기술 개발 연구회	- 방류어의 유도·보호 시스템 개발	- 방류 효과의 저감 원인 규명
수산 자원 유효 시스템 개발 연구회	- 미이용 어육 성분으로부터 수용성 유용 물질의 추출 정제와 식품 등 이용 연구 - 어내장 유래 생리 환경 펩티드의 분리 정제와 식품 등의 이용 연구 - 해조 유래 올리고당 등의 식품에의 이용 연구 - 해조 유래의 황산화성 등의 생리활성 물질 등의 탐색과 생산 기술 개발	- 미이용 어패류 단백질 유래의 펩티드류의 식품 사료에 의한 이용법 개발 - 어피 중의 경단백질의 분리법 및 식품에의 이용에 관한 연구 - 냉동 가다랭이의 4등분 가공 처리의 자동화에 관한 연구 - 정어리의 자원화 기술 개발

2) 일본의 바다목장 조성 기술

(1) 오카야마현(岡山縣) 바다목장화 사업의 추진 배경 및 개요

오카야마현은 일본의 세토나이카이(瀨內海) 서부 연안에 위치한 곳으로 어업 생산량은 일본 전체 생산량의 0.7%에 불과하나, 세토나이카이의 수산업에 중요한 위치를 차지하고 있다. 오카야마현의 주요 어업은 해면 어업이 73%이고 해면 양식어업이 27%를 차지하고(岡山縣, 2000a) 있으나, 최근에는 매년 해면 어업이 급격히 감소하고 있어 어업인들의 소득이 감소하는 등 수산업의 위치가 크게 위축되었다. 이와 같은 현상은 지선 어업인들로 하여금 자원 조성에 의한 어획 생산성 향상 수단을 모색토록 하는 동기를 부여하였고, 그들의 의지가 현에 전달되어 1991년도부터 바다목장화 사업이 추진되었다.

오카야마현에서 실시하고 있는 바다목장화 사업은 카사오카(笠岡)시에 위치한 시로이시(白石)섬 지선 약 350ha에 조성되어 있다. 이 사업은 현재의 어장 환경을 살리면서 인공어초의 설치, 조장 조성 등에 의해 유용 어류의 서식 장소를 확대하는 동시에 음향과 먹이의 공급에 의한 음향 순치를 이용한 것으로, 이로 인해 유용 어류의 정착이 증가되었다. 그리고 자연환경의 철저한 관리로 인해 이 해역이 위치한 세토나이카이의 서부 해역이 수산 자원의 공급원뿐만 아니라 그곳의 어장 조성 모델이 되었다.

이 사업은 어류의 서식 환경 정비, 유용 어류의 정착 촉진, 어장 및 자원 관리 등 크게 3개 분야로 구성되며, 사업 계획 및 수행은 오카야마현에서, 어장 및 자원 관리 등 바다목장의 운영은 카사오카시 관내의 어업인으로 구성된 6개 어업 공동 조합에서 담당하고 있다. 사업 기간은 1991년부터 2002년까지 12년간이었으며, 이 기간 동안 투자된 예산은 약 21억 엔이었다. 이 사업의 특징으로는 원래 이 해역에 서식하고 있는 어종을 대상으로 하였으며, 악화된 어장 환경을 회복시켜 자원의 재생산을 촉진시킴으로써 해역의 생산성을 향상시켰다는 것이다.

(2) 주요 사업 내용

앞에서 언급한 바와 같이 오카야마현의 바다목장화 사업은 서식 환경의 정비, 유용 어류의 정착 촉진, 어장 및 자원 관리 등 크게 3분야로 구성된다(岡山縣, 2000b).

이 사업의 주요 내용을 살펴보면, 서식 환경 정비 사업의 경우 이 해역이 가지고 있는 생산력을 활용하여 자·치어로부터 성어 및 친어까지 전 생활사동안 이 해역에서 서식할 수 있도록 어종 및 성장 단계별로 적합한 서식장을 제공하기 위해 인공어초를 설치하거나 조장을 조성하는 것이다. 즉, 유용 어류의 서식 적지로서 대상 어종마다의 생태적 지위를 파괴시키지 않고 생태계 자체를 확대시켜 나아가는 것이다. 기본적으로는 기존의 인공어초, 자연초 및 해조장을 활용하면서 대상 어종의 성장, 성숙, 산란 또는 계절의 변화에 따른 이동·회유 등의 생태적 특성을 고려하여 어종 및 성장 단계별로 유·치자어 보육장, 미성어 성육장, 성어 서식장, 친어 체류장 등의 해역을 설정하는 것이다. 대상 어류가 전 생활사 동안에 서식할 수 있는 장소를 제공하기 위해 대상 어종마다 서식장

규모의 확대 및 기능 강화뿐만 아니라 어종 및 성장 단계별로 연속성을 확보하는데 주력하였다. 각 어장에 시설된 인공어초는 대상 어종의 성장 단계별 유영 능력을 감안하여 유·치자어 및 미성어의 경우 조밀하게 배치되고, 어류가 성장함에 따라 일정 간격을 두어 시설되었다. 특히 이 해역에는 유·치자어의 서식 적지가 적기 때문에 와류나 난류가 발생하는 해역 또는 파도가 없는 잔잔한 정온 수역에서 난과 자·치어가 모여드는 해역과 조장이 연속되는 해역을 유·치자어의 보육장으로 정비하였다. 이 해역에 시설된 인공어초 구조물의 경우 유·치자어의 서식에 적합하도록 먹이 발생이 용이하고 공간 구조가 복잡한 기와초 등을 사용하였다(平野, 1998; 日本丸一建設株式會社, 1999). 이 사업은 인공어초와 자연석을 사용하여 수행되었으며, 인공어초의 경우 11,320개(약 87,587공m^3), 자연석의 경우 35,920m^3가 조성되었다.

유용 어류의 정착을 촉진시키기 위해 감성돔, 능성어 등의 방류 어류 외에 쏨뱅이, 볼락, 쥐노래미 등 지선 해역에 서식하는 자연산 어류에 대해서도 음향 순치를 실시하였다. 또한 감성돔의 인공 종묘를 방류한 후에 방류 어류의 생잔율 향상을 목적으로 어항 내에 음향 급이기를 설치하고, 이들 어류를 안전한 보호 수역에 일정 기간 동안 체류시키도록 하는 "방목형 음향 순치"와 어항의 바깥쪽에 음향 급이 부이를 설치하여 어항 밖으로 이들 어류를 정착시키기 위한 "개방형 음향 순치"로 나누어 실시하였다. 특히 "개방형 음향 순치"의 경우 1995년도에는 능성어의 중간 육성과 여러 어종에서 대응 가능한 다층 급이 기능과 수온, 어군량 등의 측정이 가능한 계측기가 탑재된 음향 급이 부이 등이 설치되어 본격적인 복합형 바다목장의 현장에 적용되었다.

어장 및 자원 관리의 경우 어장 환경을 보호하고 어업 자원의 유지·확대를 위해 어업인들을 중심으로 조직된 카사오카시 지구의 바다목장 관리·운영 협의회에서 바다목장의 관리 운영 체제의 충실한 이행과 자원 관리 방침의 책정, 어법 등의 개선 및 어장 이용의 적정화가 추진되고 있다.

(3) 바다목장화의 성과

오카야마현에서는 바다목장을 조성한 후 1991년부터 매년 3~6만 마리의 감성돔 종묘를 음향 순치하여 방류한 결과, 1992년부터는 0~1세 어를 중심으로 5~6만 마리가 바다목장 해역에 체류하는 것이 확인되었다. 또한 방류된 감성돔은 1년 6개월부터 2년까지는 주로 어항 내에 체류하다가 전장이 20cm 이상이 되면 대부분 어항 밖으로 이동하는 것이 추적 조사에 의해 확인되었다.

바다목장화가 조성된 시로이섬의 어협 위판량 자료에 의하면, 1991년에는 위판량이 7.6톤이었으나 1994년에는 14.0톤으로 1.81배 이상 증가하였으며, 그 이후에도 안정된 어획이 지속되었다(田中, 1999). 이와 같이 위판량이 증가한 주요 원인은 오카야마현의 관계자에 의하면, 그 전에는 어류를 방류한 후 곧 바로 어획하였으나, 어획 개시 연령이 2세 어로 규제됨에 따라 결과적으로 방류에 의해 어군이 증가되고 체장이 커졌기 때문이라고 하였다. 특히 1995년에는 어항의 바깥쪽에 설치한 음향 급이기 주변에 먹이 배양초 등 인공어초를 설치하여 서식 환경이 보다 양호해짐에 따라 항내로부터 이동한 2~3세 어의 감성돔이 정착하였고, 이와 함께 설치된 미성어의 육성장에도 3세 이상의 어군이 항시 체류하였기 때문이라고 하였다.

한편, 능성어의 경우 1995년부터 1997년까지 2년 동안 방류한 어군은 방류 1년 후에 음향 부이 주변에서의 정착율이 당세 어에서는 1.8~4.3%이었고, 1세 어에서는 15.0~49.2%로 부이를 설치하기 전의 정착율 0.01%보다 훨씬 높았다.

(4) 바다목장 추진 과정에서의 문제점

오카야마현의 복합형 바다목장의 조성 해역 내에 시설한 음향 급이기 주변에는 감성돔, 능성어, 쏨뱅이, 농어 등 5목 23과 34종의 어류가 서식하고 있었으므로 바다목장화가 자원 조성에 큰 효과가 있다는 것이 확인되었다. 그러나, 복합형 바다목장 해역에 서식하고 있는 1세 어인 능성어의 경우 쏨뱅이, 농어 등에 의해 식해되어 많은 양이 감소되었다. 또한 능성어의 경우 <그림 13-3>과 같이 성어가 음향 급이기 주위에 그대로 서식하고 있어 감성돔 등의 종묘 방류 시 상당한 식해가 확인됨으로써 방류 어류의 생잔율 향상에 큰 어려움이 있었다고 하였다. 따라서 오카야마현에서는 앞으로 복합형 바다목장을 효율적으로 운용하기 위해 어류간의 포식과 피포식 및 서식 공간과 먹이 순환 경합 관계에 대한 실태 규명이 과제로 남아있다.

개방형 음향 순치 시설

능성어 방류

음향 관측 부이 아래 모인 능성어

〈그림 13-3〉 오카야마현의 바다목장화에 의한 자원 조성 예.

참고문헌

藤谷 超, 1997. 海洋牧場. 173 pp.

平野 敏行, 1998. 沿岸の環境權. ブジテクノシステム. pp. 1226 -

1242.

日本農林水産技術會議事務局, 1989. 海洋牧場. pp. 601－617.

日本丸一建設株式會社, 1999. 瓦礁潛水調査報告書. pp. 1－3.

岡山縣, 2000a. 岡山縣の海洋牧場パイロット事業資料.

岡山縣, 2000b. 岡山縣の水産統計資料.

田中 丈裕, 1999. 海の牧場つくりを目地して, アクアネット. pp. 36－42.

김창길, 김호상, 정의철, 김재오, 손팔원, 김태호, 배봉성, 김성태, 하현철, 주재욱, 2000. 통영 해역 바다목장화 연구 개발 1차 보고서. 국립수산진흥원, 52 pp.

김창길, 서성호, 조재권, 오태건, 김철원, 명정구, 류청로, 2007. 전남 다도해형 바다목장 조성을 위한 전복초의 적정 구조 및 시설 방법. 한국마린엔지니어링학회지, 31(8). 1005－1012.

제14장 해상 낚시공원의 인공어초 시설

1. 해상 낚시공원 조성의 필요성

최근 생활수준의 향상과 주 5일 근무제의 실시 등으로 인해 국민들의 여가 시간이 늘어나고 건강 지향의 성향이 증대되면서 어촌·어항을 중심으로 하는 해양 활동형 관광이 육지관광에 비해 크게 증가하고 있다. 이에 맞추어 연안 바다·어항·어촌이 통합적으로 개발·이용되고 해양 레저 활동 인구의 지속적인 증가로 인해 다기능 종합 해양 레저 공간의 조성이 매우 필요한 실정이다. 특히 우리나라의 바다낚시 인구는 현재 약 700만 명으로 추산되고 있으며, 2010년에는 약 870만 명까지 증가할 것으로 전망되는 등 그 수가 지속적으로 증가하고 있다. 그러나 바다낚시는 대부분 갯바위, 낚시어선, 방파제 등에서 이루어지고 있는 등 영세성을 면치 못하고 있을 뿐만 아니라 많은 문제점도 안고 있다. 바다낚시의 주요 문제점으로는 낚시에 대한 법적 근거의 미비, 정부의 정책 무관심, 안전사고 대책 미흡 등을 들 수 있다.

먼저, 바다낚시에 대한 법적 근거 미비의 경우, 바다낚시와 관련된 법령은 낚시 어선 어업법과 유어장 지정 및 관리에 관한 규칙 등이 있다. 법령에는 바다낚시와 관련한 안전과 보험 등의 규정은 포함되어 있지만, 바다낚시에서 가장 문제가 되는 어장 환경의 오염 방지를 위한 규정은 없는 실정이다. 즉 바다낚시에서 낚시 추로 주로 사용되는 납덩어리의 유실에 의한 납 성분이 수중 동식물에 흡수·축적되어 최종 소비자인 인간의 건강을 위협할 수 있다. 그리고 낚시 미끼의 과다 사용에 의한 어장환경 오염은 수산 자원의 서식 혹은 산란에 나쁜 영향을 미치고 있는 실정이다.

낚시에 대한 정부의 정책 무관심의 경우, 배타적 경제 수역 내의 수산 자원의 효율적 관리는 연안국의 주요한 관심사이며, 이와 더불어 공해의 수산 자원의 관리는 국제 수산 기구나 모든 연안국의 관심사이다. 따라서 수산 자원의 조성과 그것의 적정 생산을 위한 자원 관리는 연안국의 수산 정책에서 중요한 부분을 차지하고 있는 것이 사실이다. 그러나 우리나라의 경우 바다낚시가 수산 자원의 관리에 포함되어 있지 않아 산란기 어종에 대한 과도한 낚시 행위와 연안 서식지 또는 산란지 및 인공어초 투하 해역에서의 무분별한 바다낚시는 수산 자원의 효율적 관리에 장애 요소가 될 수도 있다.

그리고 안전사고에 대한 대책 미흡의 경우, 갯바위 낚시, 방파제 낚시 등은 낚시인이 위험 상황에 노출될 가능성이 높아 안전사고가 자주 발생하고 있다. 그리고 바다낚시에 대한 수요가 증가하고, 가족 단위의 어촌 관광객들의 낚시 수요 또한 증가하고 있기 때문에 안전하고 편리한 바다낚시 공간의 조성이 필요한 실정이다.

이러한 측면에서 해상 낚시공원의 조성은 바다낚시로 인한 어장환경 오염을 방지하는 동시에 전문 낚시인들뿐만 아니라 청소년과 비전문 낚시인들에게도 안전하고 편리하게 바다낚시를 즐길 수 있는 기회를 제공하여 건전한 바다낚시 문화를

〈그림 14-1〉 일본의 해상 낚시공원 예.

정착시키는데 기여할 것으로 기대된다. 따라서 건전한 낚시 문화의 정착을 통한 수산 자원의 보호와 바다낚시에 대한 도시 주민의 욕구를 충족시키고, 어촌과 도시의 교류 공간을 제

〈그림 14-2〉 우리나라에서 개발 중인 해상 낚시공원 모델의 예.

공함으로써 어촌 경제의 활성화에 기여할 수 있는 해상 낚시공원의 조성이 적극적으로 추진되어야 한다.

일본에서는 <그림 14-1>과 같은 대규모 해상 낚시공원이 약 30년 전부터 조성되었으며, 현재 전국적으로 60개 이상이 시설되어 지방 자치 단체가 관리·운영하고 있다. 따라서 우리나라에서도 도시 관광객들에게 다양한 해상 체험을 즐길 수 있는 공간 제공을 통한 해양 관광 산업의 활성화를 위해서는 하루빨리 <그림 14-2>와 같은 대규모 해상 낚시공원이 조성되어야 한다.

2. 해상 낚시 공원용 인공어초의 구조 및 시설 방법

1) 낚시공원 조성과 인공어초

낚시공원은 낚시를 즐기려는 사람들이 모여드는 곳을 의미한다. 낚시공원을 조성하기 위해서는 접근성, 경관, 낚시를 위한 어류의 서식 등의 구비 조건을 갖추어야 한다. 그 중에서도 낚시 대상 어류가 다량 서식하는 것이 가장 중요하며, 가급적 연중 일정량 이상의 어류가 서식하는 것이 요구된다. 따라서 해상 낚시공원의 조성을 위해서는 수산 자원의 확보가 중요한 관건이므로 그것을 조성하기 전에 서식 어종에 대한 철저한 조사가 필요하다. 서식 어종에 대해서는 연중 서식 어종, 계절적 서식 어종, 성장 단계별 서식 어종 등으로 나누어 서식 생태를 규명하여야 한다. 이 과정에서 자원의 재생산이 느린 어종이나 낚시에 의해 자원의 감소가 빠른 어종에 대해서는 종묘 방류를 통한 자원의 첨가도 고려해야 한다. 특히 계절적 서식 어종에 대해서는 인공어초 등의 서식 기반 조성을 통해 체류 기간을 연장하거나 자·치어나 미성어의 경우 먹이 발생을 촉진시키거나 은신처를 제공함으로써 자원의 증대를 꾀할 필요가 있다. 인공어초의 시설과 관련해서는 대상으로 하는 어종의 습성을 잘 파악하여 서식장, 휴식장, 산란장 등 어초 기능 중에 어느 기능을 고려할 것인지 명확히 할 필요가 있다.

또한 중요한 것은 낚시공원의 이용자 등 사회·경제적 측면에서도 고려할 필요가 있으며, 특히 인공어초의 시설량, 배치 등과 관련해서는 그곳의 방문자 수 등을 예상하여 대상 인공어초 종류, 배치 형태, 시설량 등을 명확하게 할 필요가 있다(Kuroyanagi, 1997).

2) 인공어초의 구조

낚시공원용 인공어초의 구조는 제 4장에서 언급한 바와 같이 출현 어종 등 생물학적 조건, 유속, 저질 등 물리·화학적 조건, 이용 어구 등 사회·경제적 조건을 고려하여 결정해야 한다. 생물학적 조건의 경우 출현 어종의 서식 생태를 분석하여 조피볼락 등 주축성 어류(Ⅰ형 어류)의 경우는 인공어초의 높이를 5m 이하로 하고, 면 구조를 갖도록 한다. 그리고 참돔, 감성돔, 보구치, 돌돔 등 보목표성 어류(Ⅱ형 어류)는 용적이 큰 테 구조로 하되 면 구조를 가미하여 가능한 한 공극률이 낮은 구조로 하는 것이 바람직하다. 또한 물리·화학적 조건의 경우, 인공어초의 구조는 와류나 후류역의 증대를 고려해야 하며, 이 경우 앞에서 언급한 바와 같이 면 구조를 갖는 것이 유리하다고 할 수 있다. 그러나 면 구조를 지나치게 강조할 경우 침하, 세굴 등 어초의 안정성에 문제가 있기 때문에 해역의 특성을 감안하여 결정할 필요가 있다. 그리고 사회·경제 조건의 경우, 이용 어법 등을 고려한 인공어초의 구조를 갖추어야 한다.

그러나 앞에서 언급한 생물적, 물리·화학적 조건을 너무

어·패류용 세라믹 어초

상자형 어초

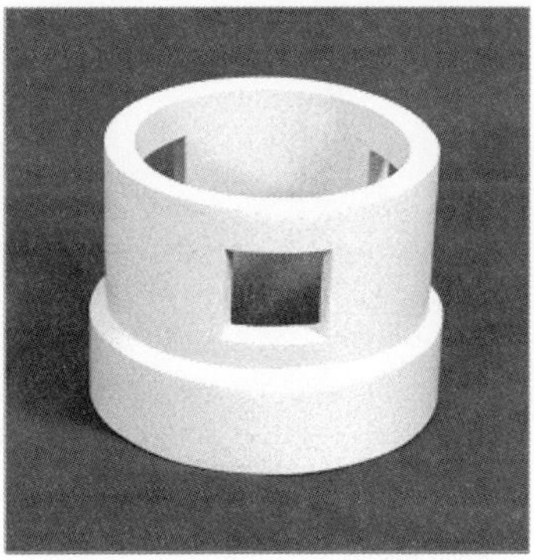

원통형 어초

사각형 어초(보강판)

〈그림 14-3〉 해상 낚시공원용 인공어초의 종류.

지나치게 강조할 경우 낚시인이 낚시를 하는 중에 낚시 바늘이나 낚싯줄 등이 인공어초에 자주 걸리게 되는 구조를 선택할 수 있다. 따라서 낚시를 하는 과정에서 낚시 바늘이나 낚싯줄 등이 자주 걸리지 않는 구조가 되도록 하는 것이 중요하므로 보목표성 어류의 경우 <그림 14-3>과 같이 테 구조와 면 구조를 적절하게 조합하는 것이 필요하며, 이 경우에도 테나 면 구조의 설계 시 그 형상을 단순화하여 가능한 한 낚시 바늘 등이 인공어초에 걸리지 않도록 해야 한다.

3) 인공어초의 시설 방법

낚시공원 조성에 있어서 중요한 것은 앞에서 언급한 바와

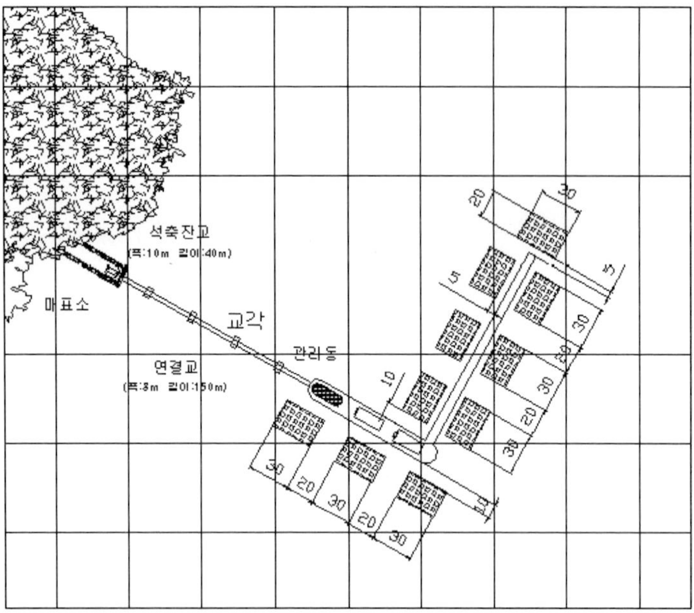

〈그림 14-4〉 해상 낚시공원의 기본 인공어초 단지 배치도 예(단위: m).

같이 서식 어종의 서식 생태를 파악하는 것이다. 연안역에 조성된 낚시터의 경우, 주축성이나 보목표성 어류를 대상으로 할 경우가 많기 때문에 인공어초의 시설 과정에서 그것에 대한 어류의 반응 거리를 고려해야 한다. 이와 함께 낚시교의 길이, 낚시객의 유효 이용 면적, 인공어초 시설 해역에서의 낚시 기술 등도 염두해 두어야 한다. 인공어초의 시설과 관련

〈그림 14-5〉 해상 낚시공원에 시설된 인공어초의 예.

해서는 그것을 낚시교로부터 약 5m 떨어지게 하여 시설하는 것이 좋을 것이다. 이 경우 인공어초 시설의 기본 단지 1개의 규모는 <그림 14－4> 및 <그림 14－5>와 같이 낚시교의 길이 방향으로 30m이고 수직 방향으로 20m인 직사각형도 바람직한 형태라 할 수 있다. 그리고 낚시 기술이 떨어지는 초보자들을 위해 인공어초 시설 기본 단지 사이에 약 20m 공간을 미시설 상태로 두면 낚시 이용객들에게 장소의 선택권을 부여할 수 있을 뿐만 아니라 낚시 바늘에 걸린 어획물이 인공어초로 인하여 탈락되는 것도 방지할 수 있을 것이다.

4) 인공어초의 시설량

낚시공원 조성용 인공어초의 시설량은 2가지 측면에서 접근해야 한다. 하나는 유도초이고, 다른 하나는 어획초이다. 전자는 자원의 지속적 공급을 위해 낚시터로부터 떨어진 곳에 시설되어 자원을 어획초까지 유도하는 역할을 하는 어초이다. 그리고 후자는 어초에 어류를 위집시켜 낚시 행위를 할 수 있도록 하는 어초이다. 따라서 낚시공원 조성에 소요되는 인공어초의 양을 결정하는 경우 유도초와 어획초를 적절히 조합시켜 시설하는 것이 필요하다. 이 과정에서 시설량의 비율 배분은 낚시공원으로 조성될 곳이 원래부터 자원이 풍부한 곳이라면 유도초의 양을 적게 할 수 있으나, 그렇지 않는 곳이라면 유도초의 시설량을 많게 할 필요가 있다. 그 비율의 경우 유도초를 60% 정도로 하는 것도 좋은 방안이라고 할 수 있다. 이것은 자원을 지속적으로 공급한다는 의미가 있기 때문에 어획초 시설량보다 많게 고려한 것이다. 그리고 인공어초

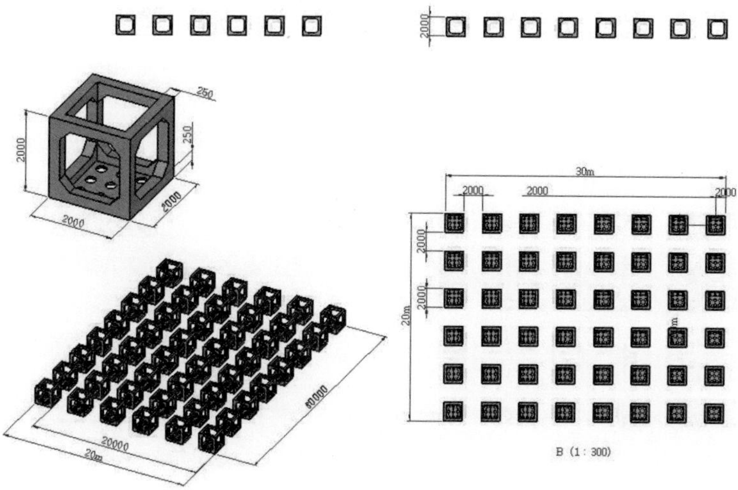

〈그림 14-6〉 보강판이 부착된 사각형 어초 단지의 시설 배치 예(단위: mm).

의 배치 형태와 관련해서는 <그림 14-6>과 같은 형태도 고려할 수도 있을 것이다. 그러나 그것보다 효율적인 배치를 위해서는 서식 자원량, 서식 어종, 흐름, 저질, 낚시 이용 형태 등을 고려해야 한다.

참고문헌

Akino Kuroyanagi, 1997. 海洋性レクリエーション施設. 技報堂出版株式會社.

김태호, 김동수, 황규석, 2005. 장흥군 해상 낚시공원 조성 사업 기본 계획 수립 학술 연구 용역 최종 보고서. 장흥군청, pp. 164-173.

찾아보기

ㅅ

ㅇ

ㅈ

ㅊ

ㅋ

ㅌ

ㅍ

ㅎ

저자 약력

김태호(金泰浩)

전남대학교 해양기술학부 조교수
부경대학교 대학원 해양공학과 공학박사(수산공학 전공)
전 국립수산과학원 수산연구관
상자형 어초, 부어초, 외해 가두리 시설 등 국내 및 국제 특허 등록 다수
2002년도 대한민국 최우수 신지식 공무원
E-mail: kimth@chonnam.ac.kr

김창길(金昌吉)

국립수산과학원 해양수산연구관
일본 도후쿠대학 대학원 토목공학과 공학박사(수산토목공학 전공)
전 부경대학교 해양공학과 겸임교수
전 중앙어초협의회 위원
상자형 어초, 부어초, 육각형 어초 등 국내 및 국제 특허 등록 다수
E-mail: cgkim@nfrdi.re.kr

김동수(金東守)

전남대학교 해양기술학부 명예교수
제주대학교 대학원 어업학과 수산학박사(어장학 전공)
전 여수대학교 산업대학원장
전 중앙어초협의회 위원
저서 : 수산해양학(공저)
E-mail: dskim@chonnam.ac.kr

인공어초에 의한 연안역 개발

인쇄 | 2008년 2월 1일
발행 | 2008년 2월 5일

저자 | 김태호 · 김창길 · 김동수
발행 | 강정채
발행처 | 전남대학교출판부

등록 | 1981. 5. 21. 제53호
주소 | 500-757 광주광역시 북구 용봉동 300
전화 | (062) 530-0571~3
팩스 | (062) 530-0579
홈페이지 | http://altair.chonnam.ac.kr/~cnup

값 15,000원

ISBN 978-89-7598-644-4 (93520)

이 도서의 국립중앙도서관 출판시도서목록(CIP)은 e-CIP홈페이지 (http://www.nl.go.kr/cip.php)에서 이용하실 수 있습니다.
(CIP제어번호: CIP2008000351)